4週間でマスター！

管工事 [2級]
施工管理技術
検定問題集
一次検定、二次検定

三枝省三【編著】

弘文社

まえがき

　近年，建設工事の施工技術の高度化，専門化，多様化が一段と進展してきており，建設工事の円滑な施工と工事完成品の質的水準の確保を図る上で，施工管理技術の重要性がますます増大しています。

　管工事施工管理技術検定は，建設業法第27条の規定に基づいて国土交通大臣指定試験機関である一般財団法人「全国建設研修センター」が実施する国家試験です。昭和47年度より「2級管工事施工管理技術検定」が実施されていますが，建設業法の一部改正により，令和3年度から試験の構成や，検定合格者に付与される資格に変更があります。

　試験の構成は，旧制度では学科試験と実地試験として実施していましたが，新制度では，第一次検定と第二次検定として実施されています。

　また検定合格者に付与される資格は，旧制度では，学科試験・実地試験の両方に合格した者に「**施工管理技士**」の資格が付与されましたが，新制度においては，**第一次検定の合格者**に対し「**施工管理技士補**」の資格が付与され，**第二次検定の合格者**に対し「**施工管理技士**」の資格が付与されます。

　これらの資格は両方とも一度取得すると，永久の資格となります。

　2級管工事施工管理技士の資格があれば，一般建設業の許可を受ける際に必要な「営業所ごとに配置する専任の技術者」及び「建設工事における主任技術者」として認められる等，施工管理に携わる方には必要不可欠な資格です。

　このように，数ある建設業関係の資格の中でも施工管理技士は，大きな資格取得のメリットを持つ，極めて重要な資格であり，工事現場における施工管理上の技術責任者として，高く位置づけられています。

　令和3年度試験より，**技士補**が創設され，その価値はますます高まるでしょう。

本書の特徴

1. 本書は，2級管工事施工管理技術検定受験のために，試験直前の知識の再確認用として，最低限マスターしておきたい内容について，直前突破・短期決戦用として「4週間でマスター」できるようにまとめた受験問題集です。

2. 本書は，第一次検定（学科試験）の「機械工学等」として出題される内容を第1章「一般基礎（原論）」，第2章「電気工学」，第3章「建築学」，第4章「空調設備」，第5章「衛生設備」，第6章「設備に関する知識」，第7章「設計図書に関する知識」として，また後半に出題される内容を第8章「施工管理法」，第9章「法規」，第10章「施工管理法」（基礎的な能力）としてまとめています。

3. 第二次検定（実地試験）は，第11章としてまとめています。

4. **第一次検定（学科試験）対策**として過去15年間の問題を精査して，重要問題104題に精選して解説をしています。また重要問題ごとに関連問題を列記し，再確認をしていきます。

5. **第二次検定（実地試験）対策**は，出題分野を「設備全般」，「空調設備」，「衛生設備」，「工程管理」，「法規」に分けて**重要問題を10題に精選**して解説をしていきます。また「施工経験記述」につきましては，記述要領について解説いたします。

6. 学習方法としては，出題形式は4肢択一式（四肢択二式と○×問題が新設されました。）であり，ほとんどの分野が必須問題で，60％以上の正解が必要ですが，空調設備と衛生設備の出題個所は，選択率が50％強と高く，各自の専門性を生かした分野を中心に学習が求められます。

　また「〜について適当でないものはどれか」という設問では，不適当なものについて何が不適当かを解説しています。反対に「〜について適当なものはどれか」という設問では，答え以外のものは正しい文章ですから，基礎知識として整理しておくことが大切です。

　そのために，日頃から4肢の頭の所に正しい文章には○印，誤った文章に

は×印をつける習慣をつけましょう。

7．本書は，1日に重要問題を5題解けば約3週間でマスターできます。

2回目を解くときは，1週間もあればできますから，1ヶ月もあれば2～3回確認することができ，万全な直前準備ができます。

本書で使用している法規等の略称一覧

（法規名）	（略称）
労働安全衛生法	安衛法
労働安全衛生法施行令	安衛令
労働安全衛生規則	安衛則
労働基準法	労基法
労働基準法施行規則	労基則
年少者労働基準規則	年労則
建築基準法	建基法
建築基準法施行令	建基令
建設業法	建業法
建設業法施行令	建業令
消防法	消防法
消防法施行令	消防令
消防法施行規則	消防則
エネルギー使用の合理化等に関する法律	エネルギー法
浄化槽法	浄化法
浄化槽法施行規則	浄化則
廃棄物の処理及び清掃に関する法律	廃棄物法
建設工事に係る資材の再資源化等に関する法律	再資源法
騒音規制法	騒音法

目　　　次

まえがき……………………………………………………………………………　3
本書の特徴…………………………………………………………………………　4

| 序　章 | Ⅰ．受験案内 …………………………………………………… | 12 |

Ⅱ．試験問題の内容 ……………………………………… 16

Ⅲ．出題の傾向 …………………………………………… 17

第1章　　　一般基礎（原論）　◆必須問題

第1節　環境工学 ………………………………………………… 20
　　重要問題 1：熱と環境　　　　　　　　　　　　（20）
　　重要問題 2：空気と環境　　　　　　　　　　　（21）
　　重要問題 3：水と環境　　　　　　　　　　　　（24）
　　重要問題 4：湿り空気　　　　　　　　　　　　（25）

第2節　流体工学 ………………………………………………… 28
　　重要問題 5：流体の性質・用語　　　　　　　　（28）
　　重要問題 6：流体の運動力学　　　　　　　　　（30）

第3節　熱力学…………………………………………………… 33
　　重要問題 7：熱　　　　　　　　　　　　　　　（33）
　　重要問題 8：伝熱　　　　　　　　　　　　　　（34）

第2章　　　電気工学　◆必須問題

　　重要問題 9：進相コンデンサの設置　　　　　　（38）
　　重要問題10：電動機の運転制御　　　　　　　　（39）

第3章　　　建築学　◆必須問題

　　重要問題11：鉄筋コンクリート構造　　　　　　（42）
　　重要問題12：コンクリート　　　　　　　　　　（44）

第4章　　　空調設備　（選択問題）

第1節　空気調和 ………………………………………………… 48
　　重要問題13：熱負荷計算　　　　　　　　　　　（48）
　　重要問題14：冷房の基本プロセス　　　　　　　（50）
　　重要問題15：暖房の基本プロセス　　　　　　　（52）

　　　　重要問題16：空気調和計画（空調ゾーニング）　　（55）

　　　　重要問題17：空調方式（定風量単一ダクト方式）　（56）

　　　　重要問題18：空調方式（変風量単一ダクト方式）　（57）

　　　　重要問題19：空気調和方式　　　　　　　　　　（59）

　　　　重要問題20：空気清浄装置　　　　　　　　　　（62）

　第2節　冷暖房‥‥‥‥‥‥‥‥‥‥‥‥‥‥‥‥‥‥‥‥　64

　　　　重要問題21：暖房方式　　　　　　　　　　　　（64）

　　　　重要問題22：温水床パネル式の低温放射暖房　　（65）

　　　　重要問題23：膨張タンク　　　　　　　　　　　（67）

　　　　重要問題24：冷暖房　パッケージ型空気調和機　（69）

　　　　重要問題25：パッケージ型空気調和機全般　　　（71）

　第3節　排煙・換気‥‥‥‥‥‥‥‥‥‥‥‥‥‥‥‥‥‥　73

　　　　重要問題26：有効換気量の計算　　　　　　　　（73）

　　　　重要問題27：給気口の寸法計算　　　　　　　　（76）

　　　　重要問題28：換気方式　　　　　　　　　　　　（78）

　　　　重要問題29：排煙設備　　　　　　　　　　　　（80）

第5章　　　　衛生設備　（選択問題）

　第1節　上下水道‥‥‥‥‥‥‥‥‥‥‥‥‥‥‥‥‥‥‥　84

　　　　重要問題30：上水道施設　　　　　　　　　　　（84）

　　　　重要問題31：配水管及び給水装置　　　　　　　（85）

　　　　重要問題32：下水道方式　　　　　　　　　　　（87）

　　　　重要問題33：下水道管きょ　　　　　　　　　　（89）

　第2節　給水・給湯‥‥‥‥‥‥‥‥‥‥‥‥‥‥‥‥‥‥　92

　　　　重要問題34：給水設備　　　　　　　　　　　　（92）

　　　　重要問題35：給水方式　　　　　　　　　　　　（94）

　　　　重要問題36：給湯設備　　　　　　　　　　　　（95）

　第3節　排水・通気‥‥‥‥‥‥‥‥‥‥‥‥‥‥‥‥‥‥　99

　　　　重要問題37：排水設備　　　　　　　　　　　　（99）

　　　　重要問題38：排水トラップ　　　　　　　　　（101）

　　　　重要問題39：排水・通気設備の方式　　　　　（103）

　　　　重要問題40：排水・通気設備全般　　　　　　（105）

　第4節　消火設備‥‥‥‥‥‥‥‥‥‥‥‥‥‥‥‥‥‥‥　108

　　　　重要問題41：屋内消火栓設備　　　　　　　　（108）

　　　　重要問題42：屋内消火栓のポンプ　　　　　　（109）

　第5節　ガス設備‥‥‥‥‥‥‥‥‥‥‥‥‥‥‥‥‥‥‥　111

　　　　　重要問題43：ガス設備全般　　　　　　　　　　（111）

　　　　　重要問題44：液化石油ガス設備　　　　　　　　（113）

　　[第6節]　浄化槽　………………………………………　116

　　　　　重要問題45：浄化槽の処理対象人員の算定　　　（116）

　　　　　重要問題46：浄化槽全般　　　　　　　　　　　（118）

　　　　　重要問題47：工場生産浄化槽の施工　　　　　　（119）

[第6章]　　　　　設備に関する知識　　◆必須問題

　　[第1節]　機材　………………………………………………　122

　　　　　重要問題48：設備機器　　　　　　　　　　　　（122）

　　　　　重要問題49：制御と監視の機器　　　　　　　　（123）

　　　　　重要問題50：ポンプ　　　　　　　　　　　　　（124）

　　　　　重要問題51：飲料用給水タンクの構造　　　　　（126）

　　[第2節]　配管・ダクト　……………………………………　128

　　　　　重要問題52：弁　　　　　　　　　　　　　　　（128）

　　　　　重要問題53：配管材料及び配管付属品　　　　　（130）

　　　　　重要問題54：ダクト　　　　　　　　　　　　　（132）

　　　　　重要問題55：ダクト及びダクト付属品　　　　　（133）

[第7章]　　　　設計図書に関する知識　　◆必須問題

　　　　　重要問題56：設計図書　　　　　　　　　　　　（138）

　　　　　重要問題57：機器とその仕様　　　　　　　　　（139）

[第8章]　　　　　施工管理法　　（選択問題）

　　[第1節]　施工計画　…………………………………………　142

　　　　　重要問題58：施工計画　　　　　　　　　　　　（142）

　　　　　重要問題59：施工図・製作図　　　　　　　　　（145）

　　[第2節]　工程管理　…………………………………………　147

　　　　　重要問題60：工程表の種類　　　　　　　　　　（147）

　　　　　重要問題61：ネットワーク工程表　　　　　　　（149）

　　　　　重要問題62：クリティカルパスの計算　　　　　（152）

　　[第3節]　品質管理　…………………………………………　154

　　　　　重要問題63：抜取検査　　　　　　　　　　　　（154）

　　　　　重要問題64：試験・検査　　　　　　　　　　　（156）

　　[第4節]　安全管理　…………………………………………　158

　　　　　重要問題65：建設工事現場の安全管理　　　　　（158）

第5節　工事施工：機器の据付け　……………………………　162
　　重要問題66：機器の据付け全般1　　　　　（162）
　　重要問題67：機器の据付け全般2　　　　　（163）
　　重要問題68：機器の据付け全般3　　　　　（165）
第6節　工事施工：配管・ダクト　………………………………　167
　　重要問題69：給水管及び排水管の施工　　　（167）
　　重要問題70：各種配管の施工　　　　　　　（168）
　　重要問題71：配管に設ける弁類　　　　　　（170）
　　重要問題72：ダクト全般　　　　　　　　　（171）
　　重要問題73：ダクト及びダクト付属品の施工1　（173）
　　重要問題74：ダクト及びダクト付属品の施工2　（175）
第7節　その他の工事施工　………………………………………　178
　　重要問題75：保温・塗装　　　　　　　　　（178）
　　重要問題76：防食　　　　　　　　　　　　（179）
　　重要問題77：異種管の接合方法　　　　　　（180）
　　重要問題78：配管の識別　　　　　　　　　（182）
　　重要問題79：多翼送風機の試運転調整　　　（184）
　　重要問題80：渦巻ポンプの試運転調整　　　（186）
　　重要問題81：測定対象と測定機器　　　　　（188）

第9章　　　　　　　　法規　（選択問題）

第1節　労働安全衛生法　…………………………………………　192
　　重要問題82：安全管理体制　　　　　　　　（192）
　　重要問題83：就業制限　　　　　　　　　　（194）
第2節　労働基準法　………………………………………………　197
　　重要問題84：休日及び有給休暇　　　　　　（197）
　　重要問題85：労働者名簿及び賃金台帳　　　（199）
第3節　建築基準法　………………………………………………　202
　　重要問題86：建築の用語　　　　　　　　　（202）
　　重要問題87：配管設備　　　　　　　　　　（204）
　　重要問題88：石綿その他の物質の飛散又は発散　（206）
　　重要問題89：空気調和設備　　　　　　　　（207）
第4節　建設業法　…………………………………………………　209
　　重要問題90：建設業法の目的　　　　　　　（209）
　　重要問題91：建設業の許可　　　　　　　　（210）
　　重要問題92：建設工事の請負契約　　　　　（213）

重要問題93：主任技術者 (215)

第5節 消防法 …………………………………………… 218
　重要問題94：非常電源 (218)
　重要問題95：危険物の種類と指定数量 (219)
第6節 その他 ………………………………………… 222
　重要問題96：エネルギー使用の合理化等に関する法律
　　　　　　　　　　　　　　　　　　　　　(222)
　重要問題97：浄化槽法 (223)
　重要問題98：廃棄物の処理及び清掃に関する法律 (225)
　重要問題99：建設工事に係る資材の再資源化等に関する
　　　　　　　法律 (228)
　重要問題100：騒音規制法 (230)

第10章 **施工管理法（基礎的な能力）** ◆必須問題

第1節 工程管理 ……………………………………… 234
　重要問題101：各種工程表 (234)
第2節 機器の据付け ………………………………… 237
　重要問題102：機器の据付け (237)
第3節 配管 …………………………………………… 240
　重要問題103：配管及び配管付属品の施工 (240)
第4節 ダクト ………………………………………… 243
　重要問題104：ダクト及びダクト付属品の施工 (243)

第11章 **第二次検定（実地試験）**

第1節 設備全般　必須問題 ………………………… 248
　重要問題1：湯沸室の機械換気方式，施工要領 (248)
　重要問題2：継手の名称及び用途，施工要領 (253)
第2節 空調設備　選択問題 ………………………… 259
　重要問題3：パッケージ形空気調和機 (259)
　重要問題4：空調用渦巻ポンプ (260)
第3節 衛生設備　選択問題 ………………………… 262
　重要問題5：給水管をねじ接合する場合の施工上の留意
　　　　　　　事項 (262)
　重要問題6：給水管を埋設する場合の施工上の留意事項
　　　　　　　　　　　　　　　　　　　　　(264)
第4節 工程管理　選択問題 ………………………… 266

　　　　重要問題 7 ：給排水衛生設備工事の工程図表　　（266）
　　　　重要問題 8 ： 2 階建て建物の設備工事の工程図表　（271）
第 5 節　法規　選択問題　……………………………………　277
　　　　重要問題 9 ：労働安全衛生法上に定められている語句
　　　　　　　　　　又は数値 1 　　　　　　　　　　（277）
　　　　重要問題10：労働安全衛生法上に定められている語句
　　　　　　　　　　又は数値 2 　　　　　　　　　　（279）
第 6 節　施工経験記述　必須問題　………………………　281

11

I．受験案内

1．2級管工事施工管理技術検定受験資格

(1) 2級管工事施工管理技術検定・第一次検定（従来の学科試験）

年度の末日における年齢が，17歳以上の者

（第一次検定受験に実務経験を不要とし，早期受験が可能になりました。）

(2) 2級管工事施工管理技術検定・第二次検定（従来の実地試験）

次のイ，ロのいずれかに該当する者

イ　2級管工事施工管理技術検定・第一次検定の合格者で，次のいずれかに該当する者

学歴又は資格	管工事施工に関する実務経験年数	
	指定学科の卒業者	指定学科以外の卒業者
大学卒業者 専門学校卒業者（「高度専門士」に限る。）	卒業後1年以上	卒業後1年6ヶ月以上
短期大学卒業者 高等専門学校卒業者 専門学校卒業者（「専門士」に限る。）	卒業後2年以上	卒業後3年以上
高等学校卒業者 中等教育学校卒業者 専門学校卒業者（「高度専門士「専門士」を除く。」）	卒業後3年以上	卒業後4年6ヶ月以上
その他の者	8年以上	
技能検定合格者	4年以上	

＊1　指定学科とは，土木工学，都市工学，衛生工学，電気工学，電気通信工学，機械工学又は建築学に関する学科をいいます。

＊2　技能検定合格者とは，職業能力開発促進法による技能検定のうち，検定種目を1級の配管（建築配管作業とする者に限る）又は2級の配管に合格したものをいいます。（改正前の1級又は2級の空気調和設備配管，給排水衛生設備配管，配管工とするものに合格した者を含みます）。

＊3　実務経験年数は，2級第二次検定の前日までで計算してください。

＊4　高等学校の指定学科以外を卒業した者には，高等学校卒業程度認定試験規則による試験，旧大学入学試験検定規則による検定，旧専門学校入学者検定規則による検定又は旧高等学校高等科入学資格試験規定による試験に合格した者を含みます。

＊5　管工事施工管理に関する実務経験とは，管工事の施工に関する技術上の職務経験をいいます。主な管工事の工事種別と工事内容は次表の通りです。

管工事の種別と工事内容

工事種別	工事内容
冷暖房設備工事	冷温熱源機器据付工事，ダクト工事，冷媒配管工事，冷温水配管工事，蒸気配管工事，燃料配管工事，TES 機器据付工事，冷暖房機器据付工事，圧縮空気管設備工事，熱供給設備配管工事，ボイラー据付工事，コージェネレーション設備工事
冷凍冷蔵設備工事	冷凍冷蔵機器据付及び冷媒配管工事，冷却水配管工事，エアー配管工事，自動計装工事
空気調和設備工事	冷温熱源機器据付工事，空気調和機器据付工事，ダクト工事，冷温水配管工事，自動計装工事，クリーンルーム設備工事
換気設備工事	送風機据付工事，ダクト工事，排煙設備工事
給排水・給湯設備工事	給排水ポンプ据付工事，給排水配管工事，給湯器据付工事，給湯配管工事，専用水道工事，ゴルフ場散水配管工事，散水消雪設備工事，プール施設配管工事，噴水施設配管工事，ろ過器設備工事，受水槽又は高置水槽据付工事，さく井工事
厨房設備工事	厨房機器据付及び配管工事
衛生器具設備工事	衛生器具取付工事
浄化槽設備工事	浄化槽設置工事，農業集落排水設備工事 　※終末処理場等は除く
ガス管配管設備工事	都市ガス配管工事，プロパンガス（LPG）配管工事，LNG 配管工事，液化ガス供給配管工事，医療ガス設備工事　※公道下の本管工事を含む
管内更生工事	給水管ライニング更生工事・排水管ライニング更生工事 　※公道下等の下水道の管内更生工事は除く。
消火設備工事	屋内消火栓設備工事，屋外消火栓設備工事，スプリンクラー設備工事，不活性ガス消火設備工事，泡消火設備工事
上水道配管工事	給水装置の分岐を有する配水小管工事，本管からの引込工事（給水装置）
下水道配管工事	施設の敷地内の配管工事，本管から公設桝までの接続工事 ※公道下の本管工事は除く。

　ロ　第一次検定免除者

　　1）前年度の第一次検定（学科試験）合格者

　　2）技術士法による第2次試験のうち技術部門を機械部門（選択科目を限定），上下水道部門，衛生工学部門又は総合技術監理部門（選択科目を限定）に合格したもので2級管工事施工管理技術検定・第二次検定の受検資格を有する者

3）その他，学科試験のみを受検し合格した者で，2級管工事施工管
　　　　理技術検定・第二次検定の受検資格を有する者

2．受験申込

　(1)　申込用紙の販売

　　　申込用紙は，「第一次検定・第二次検定」，「第一次検定のみ（前期）」，
　　「第一次検定のみ（後期）」，「第二次検定のみ」の4種類があり1部600円
　　です。

　　　「第一次検定（前期）」2月下旬～3月中旬の販売

　　　「第一次検定・第二次検定，第一次検定（後期）」6月下旬～7月中旬の
　　販売　＊インターネット申し込みをする場合は，申込用紙の購入は必要あ
　　りません。

　(2)　申込受付期間

　　　「第一次検定（前期）」3月上旬～中旬

　　　「第一次検定・第二次検定（同日試験），第一次検定（後期）」7月中旬
　　～下旬

　　　申込は，簡易書留郵便による個人別申込になります。

　　　締切日の消印のあるものまで有効です。

3．試験日及び合格発表日

　「第一次検定（前期）」

　　　試験日　　　：6月上旬の日曜日

　　　合格発表日：7月上旬

　「第一次検定・第二次検定（同日試験），第一次検定（後期）」

　　　試験日　　　：11月中旬の日曜日

　　　合格発表日：

　　　　　　・第一次検定（後期）

　　　　　　　1月中旬（第一次検定のみ受検者）

　　　　　　・第一次検定・第二次検定

　　　　　　　3月上旬

4．試験地

「第一次検定（前期）」

札幌，仙台，東京，新潟，名古屋，大阪，広島，高松，福岡，那覇の10地区

「第一次検定・第二次検定（同日試験），第一次検定（後期）」

札幌，青森，仙台，東京，新潟，金沢，名古屋，大阪，広島，高松，福岡，鹿児島，那覇の13地区

なお，2級第一次検定のみ試験地に宇都宮が追加されます。

5．受験手数料

第一次検定・第二次検定（同日試験）10,500円

第一次検定5,250円／第二次検定5,250円

6．合格基準

次の基準以上の者を合格とします。ただし，試験の実施状況等を踏まえ，変更する可能性があります。

- ・第一次検定　　　得点が60％以上
- ・第二次検定　　　得点が60％以上

7．実施期間（問合せ先）

一般財団法人　全国建設研修センター試験業務局管工事試験部管工事試験課

〒187-8540　東京都小平市喜平町2-1-2

TEL　042(300)6855(代)

※受験案内の内容は変更される場合がありますので，必ず事前に試験機関
のウェブサイト等でご確認ください！

Ⅱ　試験問題の内容

　2級管工事施工管理技術検定の基準は，令和3年度より，次のように改正されました。

　第一次検定では，工事の施工の管理を的確に行うために必要な**基礎的な**知識及び能力を有するか判定します。これまで学科試験で求めていた知識問題を基本に，**実地試験で求めていた能力問題の一部を追加**します。

　第二次検定では，**主任技術者**として，工事の施工の管理を的確に行うために必要な知識及び応用能力を有するか判定します。これまで実地試験で求めていた能力問題に加え，**学科試験で求めていた知識問題の一部を移行**します。

　なお，第一次検定及び第二次検定の両方の合格に求められる水準は，現行の技術検定に求められる水準と同様です。

技術検定の基準と方式の例

試験区分	試験科目	知識能力	試験基準	方式
学科試験	機械工学等	知識	・機械工学，衛生工学，電気工学，電気通信工学及び建築学に関する概略の知識 ・設備に関する概略の知識 ・設計図書を正確に読み取るための知識	マークシート方式
	施工管理法	知識	・施工計画の作成方法及び工程管理，品質管理，安全管理等工事の管理方法に関する概略の知識	
	法規	知識	・建設工事の施工に必要な法令に関する概略の知識	
実地試験	施工管理法	能力	・設計図書を正確に理解し，設備の施工図を適正に作成し，及び必要な機材の選定，配置等を適切に行うことができる一応の応用能力	記述式

検定区分	検定科目	知識能力	検定基準	方式
第一次検定	機械工学等	知識	・機械工学，衛生工学，電気工学，電気通信工学及び建築学に関する概略の知識 ・設備に関する概略の知識 ・設計図書を正確に読み取るための知識	マークシート方式
	施工管理法	知識	・施工計画の作成方法及び工程管理，品質管理，安全管理等工事の管理方法に関する**基礎的な**知識	
		能力	・施工の管理を適確に行うために必要な**基礎的な能力**	
	法規	知識	・建設工事の施工に必要な法令に関する概略の知識	
第二次検定	施工管理法	知識	・主任技術者として工事の施工の管理を適確に行うために必要な知識	記述式
		能力	・主任技術者として設計図書を正確に理解し，設備の施工図を適正に作成し，並びに必要な機材の選定及び配置等を適切に行うことができる応用能力	

Ⅲ　出題の傾向

　第一次検定（従来の学科試験）は，機械工学等（一般基礎（原論），電気工学，建築学，空調設備，衛生設備，設備に関する知識，設計図書に関する知識の７分野），施工管理法と法規の３科目から合計52問出題され，40問解答する４肢択一形式（マークシート方式）で，試験時間は午前中の２時間10分です。

　一般基礎（原論）は，環境工学，流体工学，熱力学に関する分野から合計４問出題されます。電気工学，建築学はそれぞれ１問出題され，これらはすべて必須です。

　また，空調設備は，空気調和，冷暖房，換気・排煙に関する分野から８問出題され，衛生設備は，上下水道，給水・給湯，排水・通気，消火設備，ガス設備，浄化槽の分野から９問出題され，合計17問から９問選択し解答します。この分野が一番選択率の高いところですので，各自しっかり勉強する分野と省略する分野を決めてください。

　施工管理法は，施工計画，工程管理，品質管理，安全管理と工事施工の分野から，合計14問出題され，12問選択し解答していましたが，令和３年度から工事施工の分野から出題が減らされ，出題合計10問から８問解答します。そして，「施工の管理を的確に行うために必要な**基礎的な能力**」を問う問題が**四肢択二形式**で出題されています。

　法規は，労働安全衛生法，労働基準法，建築基準法，建設業法，消防法，その他の分野から10問出題され，８問選択し解答します。

　第二次検定（従来の実地試験）は，試験時間は午後から２時間で施工管理法の能力を問う試験です。令和３年度から「**主任技術者として工事の施工管理を的確に行うために必要な知識**」を問う必須問題が○×問題として出題されます。

　設備全般として３問出題され，うち１問は必須問題，残りは空調設備と衛生設備から各１問出題され，１問選択し解答します。工程管理・法規として２問出題され１問を選択し解答します。施工経験記述の１問は，必須問題であり，必ず解答してください。

午前の部　第一次検定（学科試験）………4肢択一式（試験時間　2時間10分）

出題分類			出題数	必要解答数	備考
機械工学等	原論	環境工学 (2) / 流体工学 (1) / 熱力学 (1)	4	4	**必須問題**
	電気工学	(1)	1	1	**必須問題**
	建築学	(1)	1	1	**必須問題**
	空調	空気調和 (4) / 冷暖房 (2) / 換気・排煙 (2)	17	9	選択問題 17問の中から任意に9問を選び解答する。（余分に解答すると減点される）
	衛生	上下水道 (2) / 給水・給湯 (2) / 排水・通気 (2) / 消火設備 (1) / ガス設備 (1) / 浄化槽 (1)			
	設備に関する知識	機材 (2) / 配管・ダクト (2)	4	4	**必須問題**
	設計図書に関する知識	(1)	1	1	**必須問題**
施工管理法	工事施工	施工計画 (1) / 工程管理 (1) / 品質管理 (1) / 安全管理 (1) / 機器の据付け (1) / 配管・ダクト (2) / その他 (3)	10	8	選択問題 14問の中から任意に8問を選び解答する。（余分に解答すると減点される）
	基礎的な能力	工程管理 (1) / 機器の据付け (1) / 配管 (1) / ダクト (1)	4	4	**必須問題**
法規		労働安全衛生法 (1) / 労働基準法 (1) / 建築基準法 (2) / 建設業法 (2) / 消防法 (1) / その他 (3)	10	8	選択問題 10問の中から任意に8問を選び解答する。（余分に解答すると減点される）
合計			52	40	

午後の部　第二次検定（実地試験）…………記述式（試験時間　2時間）

出題分類	出題数	必要解答数	備考
設備全般	1	1	**必須問題**
設備全般	2	1	選択問題
工程管理・法規	2	1	選択問題
施工経験記述	1	1	**必須問題**
合計	6	4	

第1章
一般基礎
（原論）

熱と環境

重要問題 1

次の指標のうち，室内環境と関係のないものはどれか。

(1) 気流
(2) 予想平均申告（PMV）
(3) 浮遊物質（SS）
(4) 平均放射温度

解説 室内環境の各種の指標

(1) 温熱環境構成要素には空気温度，湿度，**気流**と周壁からの**放射の4要素**がある。室内空気の流れによる温冷感への影響は，平均風速が主であるが，気流の乱れも考慮が必要である。

(2) 一般室内環境指標には有効温度，修正有効温度，新有効温度，作用温度，等価温度，**予想平均申告**や予想不満者率がある。予想平均申告は，熱環境の快適度を直接温冷感の形で定量化した指標で快適な状態を基準とし，暑い，暖かい，やや暖かい，どちらでもない，やや涼しい，涼しい，寒いの7段階で示す。

(3) 水と環境において**水質の汚濁を表す水質指標**には生物化学的酸素要求量，化学的酸素要求量，**浮遊物質**，溶存酸素などがある。

(4) **平均放射温度**は，在室者が周囲環境と放射熱交換を行うのと同量の放射熱交換を行うような，均一温度の仮想閉鎖空間の表面温度のことである。

解答 （3）

次の指標のうち，室内空気環境と**関係のない**ものはどれか。

(1) 新有効温度（ET*）

(2) 揮発性有機化合物（VOCs）濃度

(3) 化学的酸素要求量（COD）

(4) 作用温度（OT）

[解説]

(1) 一般室内環境指標の一つで**新有効温度**とは湿度50%を基準とし気温，湿度や放射熱など6要素で計算された環境を総合的に評価したものである。

(2) 室内空気を清浄に保つためには，空気中のじんあい，細菌，有毒ガス，臭気などを除去する必要がある。居住空間の高気密化，高断熱化，新建材の利用によりホルムアルデヒドやトルエンなど**揮発性有機化合物**が放出されることにより，室内の空気汚染が問題となっている。シックハウス症候群やシックビル症候群の主要因とされており，これらの物質の濃度指針値が設定されている。

(3) **化学的酸素要求量**は，**水質の汚濁を表す水質指標**の1つで水中に含まれている有機物及び無機性亜酸化物の量を示す単位である。

(4) **作用温度**は，人体が周囲空間との間で対流と輻射による熱交換をしているのを表す温度である。

解答　(3)

空気と環境

重要問題2

空気環境に関する記述のうち，**適当でない**ものはどれか。

(1) 室内空気中の二酸化炭素の許容濃度は，一酸化炭素より高い。

(2) 二酸化炭素の密度は，空気より小さい。

(3) 臭気は，二酸化炭素と同じように室内空気の汚染を知る指標とされている。

(4) 浮遊粉じん量は，室内空気の汚染度を示す指標である。

解説 室内空気環境

(1) 室内の空気は，人の新陳代謝による熱，水分，二酸化炭素の発生，酸素の減少，体臭などの臭気，粉じんなどにより絶えず汚染されていくものである。二酸化炭素は，在室者の呼吸によって増加する無色，無臭の気体で直接有害ではないが，その濃度は室内環境基準で0.1％（1,000 ppm）以下とされている。また一酸化炭素は無色無臭の人体に有害なガスでその許容濃度はかなり微量である。一酸化炭素の密度は，**空気の0.967と小さい**。

表　一酸化炭素の健康影響

濃度〔ppm〕	ばく露時間	影　　響
5	20 min	高次神経系の反射作用の変化
30	1 h 以上	視覚・精神機能障害
200	2～4 h	前頭部頭重，強度の頭痛
500	2～4 h	激しい頭痛，恐心，脱力感，視力障害，虚脱感
1,000	2～3 h	脈拍こう進，けいれんを伴う失神
2,000	1～2 h	死亡

表　室内空気汚染の指標としての二酸化炭素濃度

濃度〔％〕	意　　味
0.07	多数継続在室する場合の許容値（燃焼器具を使用しない場合）
0.10	一般の場合の許容値（燃焼器具を使用しない場合）
0.15	換気計算に使用される許容値（燃焼器具を使用しない場合）
0.2～0.5	相当不良と認められる（燃焼器具を併用する場合）
0.5以上	もっとも不良と認められる（燃焼器具を併用する場合）
備考	本表は，二酸化炭素そのものの有害許容値を示すものではなく，空気の物理・化学的性状が，二酸化炭素の増加に比例して悪化すると仮定したときの許容値を示すものである。

(2) 大気中の二酸化炭素は0.038％程度であるが近年増加傾向にある。**二酸化炭素の密度は空気の1.53倍**と**大きい**。

(3) 臭気の原因としては人の呼吸，口臭，汗，皮膚からの分泌物によるもの，喫煙や調理によるものなどがある。二酸化炭素と同じように**空気汚染を知る指標**とされている。

(4) 浮遊粉じんは在室者の活動により，衣類の繊維やほこり，喫煙や暖房器具などが原因で発生し，空気の乾燥によって増加する。**浮遊粉じん量は室内空気の汚染度を示す指標**とされ，室内環境基準値は0.15mg／㎥以下とされている。

解答　(2)

 関連問題

空気環境に関する記述のうち，**適当でないもの**はどれか。
(1) 二酸化炭素は，空気より軽く，直接人体に有害ではない気体である。
(2) 一酸化炭素は，無色，無臭で，人体に有害な気体である。
(3) 浮遊粉じん量は，室内空気の汚染度を示す指標の一つである。
(4) 揮発性有機化合物は，シックハウス症候群の主要因とされている。

 解説

(1) **二酸化炭素の密度**は，空気の1.53倍と<u>大きくて**重い**</u>。無色，無臭の気体で直接人体に有害ではない。その濃度は空気の汚染度と並行することが多いので空気の清浄度の指標とされている。
(2) 一酸化炭素は，無色無臭の人体に有害なガスでその許容濃度は微量である。**一酸化炭素の密度は，空気の0.967と小さくて軽い。**
(3) 浮遊粉じん量は室内空気の汚染度を示す指標の1つとされ，室内環境基準値は0.15mg／㎥以下とされている。
(4) 居住空間の高気密化，高断熱化，新建材の利用によりホルムアルデヒドやトルエンなど**揮発性有機化合物**が放出されることにより，室内の空気汚染が問題となっている。シックハウス症候群やシックビル症候群の主要因とされている。

解答　(1)

水と環境

重要問題 3

水に関する記述のうち，**適当でないもの**はどれか。

⑴　1気圧のもとで水が氷になると，その容積は約10％増加する。

⑵　1気圧のもとで水の温度を1℃上昇させるために必要な熱量は，約4.2 kJ／kgである。

⑶　pHは，水素イオン濃度の大小を表す指標である。

⑷　BODは，水中に含まれる浮遊物質の量を示す指標である。

解説

水は，温度と圧力により固体，液体，気体（水蒸気）に変化する。

⑴　水の密度は温度4℃以下では容積が増加し，0℃で氷になるとその容積は水の**約10％増加**する（0℃の水の密度は0℃の氷より大きい）。

⑵　1 kgの水を14.5℃から15.5℃まで1度温度上昇させるために必要な熱量は**4.18 kJ**である。

表　1気圧における水の密度，比体積

温度〔℃〕	密度〔kg／m³〕	比体積〔L／kg〕
0	999.84	1.00016
4	1000.00	1.00000
10	999.70	1.00030
20	998.20	1.00180
50	988.04	1.01210
80	971.80	1.02902
100	958.35	1.04346

⑶　純水における酸性，アルカリ性は水中に電離している水素イオン H^+ 水酸イオン OH^- の数によって決まる。pHは**水素イオン指数**（水素指数）と呼ばれ，水素イオン濃度の大小を表す指標である。7より大をアルカリ性，7を中性，7より小を酸性と呼ぶ。

⑷　BODは，水中に含まれる**有機物質の量**を表す指標であり，生物化学的酸素要求量と呼ばれ河川の水質汚濁の指標としてよく使用される。

解答　⑷

 関連問題

水に関する記述のうち，**適当でないもの**はどれか。

(1) pH は，水素イオン濃度の大小を示す指標である。

(2) BOD は，水中に含まれる浮遊物質の量を示す指標である。

(3) DO は，水中に溶けている酸素の量である。

(4) マグネシウムイオンの多い水は，硬度が高い。

解説

(1) pH は水素イオン指数または水素指数と呼ばれ，水素イオン濃度の**大小を表す指標**である。

(2) **BOD** は，生物化学的酸素要求量の略称で，水中に含まれる有機物質の量を表す指標であり，河川の水質汚濁の指標として使用される。

(3) DO は，**溶存酸素**の略称であり水中に溶けている酸素量のことで，水質汚濁を示す指標ではないが，水中生物などには重要なもので水質の測定項目である。

(4) 水の硬度とは，水に溶存するカルシウム及び**マグネシウムイオン**の量を水酸化カルシウムの量に換算して，水 1 ℓ について mg 単位で表わしたものである。

この数値が大きいほど硬度が高い水になる。

解答 (2)

湿り空気

重要問題 4

湿り空気に関する記述のうち，**適当でないもの**はどれか。

(1) 飽和湿り空気の乾球温度と湿球温度は等しい。

(2) 相対湿度とは，湿り空気中に含まれる乾き空気 1 kg に対する水蒸気の質量をいう。

(3) 湿球温度とは，一般に，感熱部を水で湿らせた布で包んだアスマン通風乾湿計で測定した温度をいう。

(4) 湿り空気を加熱しても絶対湿度は，変化しない。

解説　湿り空気の性質

　水蒸気を含まない空気を乾き空気，水蒸気を含む空気を湿り空気と呼ぶ。

1．全圧力とは，水蒸気と乾き空気との混合気体が示す圧力である。

2．水蒸気分圧とは，湿り空気中の水蒸気が示す分圧をいう。

3．**絶対湿度**とは，<u>湿り空気に含まれている乾き空気1kgに対する水分（水蒸気）の質量</u>をいう。

4．**飽和湿り空気**とは，ある温度で，もうそれ以上は水蒸気として水分を含み得ない状態の空気を飽和湿り空気（飽和空気）という。これ以上，水分の蒸発がないので乾球温度と湿球温度は等しくなる。

5．**相対湿度**とは，<u>ある湿り空気の水蒸気分圧とその温度と同じ温度の飽和空気の水蒸気分圧の割合</u>をいう。

6．飽和度とは，ある湿り空気の絶対湿度とその温度と同じ温度の飽和空気の絶対湿度の割合をいう。

7．乾球温度とは，乾いた感熱部を持つ温度計で測った空気の温度をいう。

8．**湿球温度**とは，温度計の感熱部を布で包み，その一端を水につけ，感熱部を湿らせた状態で測った空気の温度をいう。

9．露点温度とは，その空気と同じ絶対湿度をもつ飽和空気の温度をいう。

解答　(2)

関連問題 1

　湿り空気に関する記述のうち，**適当でないもの**はどれか。

(1) 空気中に含むことのできる水蒸気量は，温度が高くなるほど多くなる。

(2) 飽和湿り空気の相対湿度は，100％である。

(3) 露点温度は，その空気と同じ絶対湿度をもつ飽和空気の温度である。

(4) 絶対湿度は，湿り空気中の水蒸気の質量と湿り空気の質量の比である。

解説

(1) 空気中に含むことのできる**水蒸気量**は，温度が高くなるほど多くなるが，その量には限度がある。ある温度で，もうそれ以上は水蒸気として水分を含み得ない状態の空気を飽和湿り空気（飽和空気）という。

(2) **相対湿度**とは，ある湿り空気の水蒸気分圧とその温度と同じ温度の飽和空気の水蒸気分圧との割合をいう。そのため飽和湿り空気の相対湿度は，100%である。

(3) **露点温度**とは，その空気と同じ絶対湿度をもつ飽和空気の温度をいう。湿り空気をこの温度以下の物体に触れさせると物体の表面に露または霜が生じる。

(4) **絶対湿度**とは，湿り空気に含まれている乾き空気1 kgに対する水分（水蒸気）の質量をいう。

解答 (4)

✏️ 関連問題 2

結露に関する文中，□□□内に当てはまる語句の組合せのうち，**適当なもの**はどれか。

壁体の表面温度が室内空気の露点温度 A と，壁体の表面に結露を生じる。しかし，壁に断熱材を用いると，熱還流抵抗が B なり，結露を生じにくくなる。

	(A)	(B)
(1)	より低くなる	大きく
(2)	より低くなる	小さく
(3)	以上になる	大きく
(4)	以上になる	小さく

◤ 解説 ◥

壁体表面の結露は，壁体の表面温度が**室内空気の露点温度より低くなる**と，壁の表面に水蒸気の凝結が起こり水滴となる。また壁に断熱材を用いると，壁体の**熱貫流抵抗が大きく**なり，熱通過率が小さくなり結露を生じにくくなる。

解答 (1)

流体力学

流体の性質・用語

重要問題5

　流体に関する記述のうち，**適当でないもの**はどれか。

(1) 流体の粘性の影響は，流体に接する壁面近くでは無視できる。

(2) レイノルズ数は，層流と乱流の判定の目安になる。

(3) 毛管現象は，液体の表面張力によるものである。

(4) ベルヌーイの定理は，エネルギー保存の法則を示したものである。

解説

(1) 粘性のある流体では，境界面に対して液体に引きずられる力が作用するので，**流体の粘性の影響は，流体に接する壁面近くの境界面近くでは強く現れる**。

(2) **レイノルズ数**とは，慣性力と粘性力の比で表わされるもので層流と乱流の判定に役立つものである。

(3) 細い管の中で液体が上昇や下降する現象を**毛管現象**といい，重力と表面張力によるものである。液体は液面（表面積）を縮小しようとする性質があり，そのため膜のように表面に張力が働く。これを表面張力という。

(4) 流体の持っている運動エネルギー，重量による位置エネルギーと圧力によるエネルギーの総和が一定不変であることを示す流体に適用したエネルギー保存の法則を**ベルヌーイの定理**という。

解答　(1)

関連問題

流体に関する用語の組合せのうち，**最も関係の少ないもの**はどれか。
(1) 表面張力―――レイノルズ数
(2) 圧力損失―――管摩擦係数
(3) 摩擦応力―――粘性係数
(4) 動圧―――――速度エネルギー

1．**表面張力**：液体の自由な表面では，流体は液面を縮小しようとする性質を持っている。このため液面は弾性膜のような作用をなし，表面に張力が働く。

2．**レイノルズ数**：慣性力と粘性力の比で表わされ層流と乱流の判定に役立つものである。

3．**圧力損失**：管内の流水の摩擦抵抗による圧力損失は，ダルシーワイスバッハ式で表わされる。λは**摩擦係数**と呼ばれている比例定数であり，レイノルズ数と管の相対粗さに関係する。

$$\Delta h = \frac{\Delta p}{\gamma} = \lambda \frac{l}{d} \cdot \frac{v^2}{2g}$$

4．**摩擦応力**：流体の摩擦応力は，境界面と垂直方向の速度勾配に比例することが知られている。μ を**粘性係数**または粘度と呼び，流体の種類と温度により変わるものである。

$$\tau = \mu \left(\frac{dv}{dy} \right) \, [\mathrm{N/m^2}]$$

5．**ベルヌーイの定理**：流体の持っている**速度（運動）エネルギー**，重力による位置エネルギー及び圧力によるエネルギーの総和が一定であることを示すエネルギー不変の法則である。

$$\frac{1}{2}\rho v^2 + p + \rho gh = 一定 \, [\mathrm{Pa}]$$

ここで第1項の速度エネルギーを**動圧**（速度圧），第2項を位置圧，第3項を静圧そして全体を全圧ともいう。

(1) が最も関係が少ない。

解答　(1)

流体の運動力学

重要問題6

ピトー管に関する文中，□□□内に当てはまる用語の組合せとして，**適当なものはどれか**。

ピトー管は，全圧と A の差を測定する計器で，この測定値から B を算出することができる。

	(A)	(B)
(1)	静圧 ─── 流速	
(2)	静圧 ─── 摩擦損失	
(3)	動圧 ─── 流速	
(4)	動圧 ─── 摩擦損失	

解説

ピトー管は2重管で造られており，流体の流れの方向に孔を開けた内管で全圧を測り，流れに直角に孔を開けた外管で静圧を測れるようにしたものである。これにより全圧と**静圧**の差，すなわち動圧を測定することによって**流速**が算出できる。

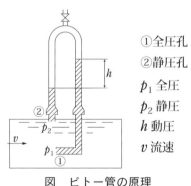

①全圧孔
②静圧孔
p_1 全圧
p_2 静圧
h 動圧
v 流速

図 ピトー管の原理

解答 （1）

✏️ 関 連 問 題 1

ピトー管に関する文中，□□□内に当てはまる用語の組合せとして，**適当なもの**はどれか。

ピトー管は，水平管内を流れる流体の □ A □ と静圧の差を測定する計器で，この測定値から □ B □ を算出することができる。

      (A)   (B)

(1) 全圧 ——— 流速
(2) 動圧 ——— 流速
(3) 全圧 ——— 摩擦損失水頭
(4) 動圧 ——— 摩擦損失水頭

【解 説】

ピトー管は，ベルヌーイの定理を応用した測定器であり，流体の中に入れて，**全圧**と**静圧**の差（**動圧**）を測定することで**流速**を算出するものである。

解答　(1)

✏️ 関 連 問 題 2

水平管中の流体について，全圧，静圧及び動圧の関係した式として，**正しいもの**はどれか。

ただし，Pt：全圧，Ps：静圧，ρ：流体の密度，v：流速とする。

(1) $Pt = Ps + \rho v$
(2) $Ps = Pt + \rho v$
(3) $Pt = Ps + \rho v^2 / 2$
(4) $Ps = Pt + \rho v^2 / 2$

水平管内に流体が流れているとき，流れの中に物体があったとすれば，

その物体の正面中央の1点でせき止められて速度が0となる点がある。この点をよどみ点と言い，管中の物体が流れをせき止めることによって生じた圧力（全圧）を Pt，物体の影響を受けない前方の圧力（静圧）を Ps，速度を v，流体の密度を ρ とすれば，**ベルヌーイの定理**より，以下の式が成立する。

$$Pt = Ps + \rho v^2 / 2$$

解答　(3)

熱

重要問題7

熱に関する記述のうち，**適当でない**ものはどれか。

(1) 1kgの物体の温度を1℃上げるのに必要な熱量を比熱という。

(2) 温度変化を伴わずに，物体の状態変化のみに消費される熱を顕熱という。

(3) 熱放射による熱移動には媒体を必要としない。

(4) 固体が直接気体になる相変化を昇華という。

解説

(1) **比熱**とは，物体の単位質量の熱容量であり，1kgの物質の温度を1Kだけ高めるのに要する熱量をいう。温度の単位の**ケビン**（K）と**セルシウム度**（℃）の単位の**目盛間隔は同じ**である。

(2) **顕熱**とは，物体の温度を上昇させるために使われる熱をいう。また**潜熱**とは，温度変化を伴わずに，物体の状態変化のみに消費される熱をいう。

(3) **熱放射**とは，物体が電磁波の形で熱エネルギーを放出，吸収する現象で，その**熱移動には媒体を必要としない**。そのため真空中であっても熱移動がある。

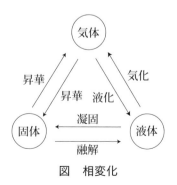

図　相変化

(4) **昇華**とは，固体が液体の状態を経ずに直接気体になることをいう。逆に気体が直接固体になる場合も言う。

解答 （2）

　熱に関する記述のうち，**適当でないもの**はどれか。
(1) 熱が低温の物質から高温の物質へ自然に移ることはない。
(2) 真空中では，熱放射による熱エネルギーの移動はない。
(3) 0℃の氷が0℃の水になるために必要な熱は潜熱である。
(4) 物体の温度を1℃上げるのに必要な熱量を熱容量という。

◀▶ 解説 ◀▶

(1) 熱力学の**第2法則のクラウジウスの原理**により，熱が低温の物体から高温の物体へ**自然に移ることはない**。
(2) **熱放射**とは，物体が電磁波の形で熱エネルギーを放出，吸収する現象で，その熱移動には媒体を必要としない。そのため**真空中であっても熱移動がある**。
(3) **潜熱**とは，温度変化を伴わずに，物体の状態変化のみに消費される熱をいう。まさに0℃の氷（固体）が0℃の水（液体）になるためのように状態の変化のみに必要な熱である。
(4) **熱容量**とは，物体全体の温度を1℃（K）上げるのに必要な熱量をいう。温度の単位の**セルシウス度（℃）**とケビン(K)の単位の**目盛間隔は同じ**である。

解答 （2）

伝熱

重要問題8

　熱に関する記述のうち，**適当でないもの**はどれか。
(1) 物質内部に温度差があるとき，温度が高い方から低い方に熱エネルギーが

移動する現象を熱伝導という。

(2) 気体を断熱圧縮した場合，温度は変化しない。

(3) 熱放射による熱エネルギーの移動には，熱を伝える物質は不要である。

(4) 体積を一定に保ったまま気体を冷却した場合，圧力は低くなる。

解説

(1) **熱伝導**とは，物質内部に温度差があるときに，物質の移動なしで温度が高い方から低い方に熱エネルギーが移動する現象をいう。

(2) 外部との間に熱の出入りのできない状態で気体を圧縮する（**断熱圧縮**）と外部から与えられた仕事は内部エネルギーの増加となり，**気体の温度は上昇する**。

(3) **熱放射**とは，物体が電磁波の形で熱エネルギーを放出，吸収する現象で，その**熱移動には熱を伝える物質は不要**である。

(4) **ボイル・シャルルの法則**により，体積を一定に保ったまま気体を冷却した場合，圧力は低くなる。

解答　(2)

 関連問題 1

熱に関する記述のうち，**適当でないもの**はどれか。

(1) 気体では，定容比熱より定圧比熱の方が大きい。

(2) 気体の等温変化においては，圧力と体積の積は一定である。

(3) 気体を断熱圧縮しても，温度は変化しない。

(4) 物体の温度を 1 K 上げるのに必要な熱量を，熱容量という。

 解説

(1) 比熱には，圧力一定のもとで求めた**定圧比熱**と容積一定のもとで求めた**定容比熱**がある。固体ではほぼ等しいが，気体では，定圧比熱のほうが大きくなる。

(2) 気体の等温変化においては，圧力と体積の積は一定であり，これを**ボイルの法則**という。

(3) 外部との間に熱の出入りができない状態で気体を圧縮すると，外部から与えられた仕事は内部エネルギーの増加となり，気体の温度は上昇する。すなわち，気体を断熱圧縮すると温度は上がる。

(4) 熱容量は，物体全体の温度を1Kあげるのに必要な熱量をいい，単位は［KJ/K］で表す。

解答 (3)

 関 連 問 題 2

　熱に関する記述のうち，**適当でないもの**はどれか。
(1) 体積を一定に保ったまま気体を冷却すると，圧力は低くなる。
(2) 0℃の水が0℃の氷に変化するとき失う熱は，顕熱である。
(3) 国際単位系（SI）では，熱量の単位としてジュール［J］を用いる。
(4) 熱と仕事はともにエネルギーの一種であり，これらは相互に変換することができる。

 解 説

(2) 温度変化を伴わない<u>状態変化のみに費やされる熱量</u>を<u>**潜熱**</u>という。

解答 (2)

第2章
電気工学

進相コンデンサの設置

重要問題 9

　高圧で電気の供給を受ける交流電気回路に，進相コンデンサを設けた場合の力率改善の効果として，**関係のないもの**はどれか。

(1)　電線路及び変圧器内の電力損失の軽減

(2)　感電事故の予防

(3)　電圧降下の改善

(4)　電気基本料金の割引

解説

　誘導電動機の電路は，巻線のインダクタンス（コイル）により電圧に対して電流の位相が遅れるため，力率の改善を目的として電路に**進相コンデンサが設置**される。力率の改善効果として期待できることは，次の通りである。

---

1)　**電線路及び変圧器内の電力損失の軽減**

2)　**電圧降下の改善**

3)　電力供給設備余力の増加

4)　**電気基本料金の割引**

---

(2)　感電事故を予防するために，漏電遮断器を設ける。**漏電遮断器**とは，電気回路の絶縁が低下し，火災や感電の危険が発生した時，**回路を自動的に遮断する装置**である。

解答　(2)

✎ 関 連 問 題

　交流電気回路に設けた進相コンデンサによる力率改善の効果と**最も関係のないもの**はどれか。

(1)　電路及び変圧器内の電力損失の軽減

(2)　電圧降下の改善

(3)　電力供給設備余力の増加

(4)　感電事故の予防

解説

力率の改善効果として期待できることは,

1) **電線路及び変圧器内の電力損失の軽減**

2) **電圧降下の改善**

3) **電力供給設備余力の増加**

4) 電気基本料金の割引

以上 4 項目がある

解答 (4)

電動機の運転制御

重要問題10

三相誘導電動機に関する記述のうち,**適当でないもの**はどれか。

(1) 電動機を定格電圧で始動させたときの始動電圧は,全負荷時の定格電流と同じである。

(2) 電源電圧を降下させると,電動機の始動トルクは減少する。

(3) 3 本の結線のうち 2 本を入れ替えると,電動機の回転方向が変わる。

(4) 電動機の過負荷保護として,保護継電器と電磁接触器を用いた。

解説

電動機が静止状態から回転を始めるときに流れる**定格電流**より大きな電流を**始動電流**という。

(1) 電動機を定格電圧で始動させた場合,**始動電流は定格電流の 5 ～ 7 倍**も流れる。そのため電動機は,始動器を用いて始動する。

(2) 始動トルクは電源電圧の二乗に比例するので,電源の電圧が降下すると,**始動トルクも低下する**。

(3) 三相誘導電動機では,三相の電線のうちいずれかの 2 本を入れ替えると回転磁界の向きが逆になるため,**回転方向が逆向き**になる。

(4) **保護継電器**とは,電動機の過負荷,欠相(三相電源の一相が断となって単相電圧がかかること)または逆相(三相の回転磁界が逆回転になること)を生じたとき主回路を開放する指令を発する継電器である。保護継電器の過負荷継電器と電磁接触器を組み合わせて,電動機に過負荷が生じたとき,電磁石の吸引力によって主回路を開放する。

解答 (1)

関連問題 1

電気設備に関する用語の組合せのうち，**関係のないもの**はどれか。

(1) アーステスター　　接地抵抗測定
(2) 配線用遮断器　　　過電流保護
(3) 漏電遮断器　　　　感電防止
(4) 進相コンデンサ　　欠相保護

解説

(1) **アーステスター**とは，接地抵抗値を測定する測定器である。

(2) **配線用遮断器**は，回路保護を目的に設置される開閉器で，回路の短絡や過負荷が生じた場合に自動的に配線を遮断する機能を有する。

(3) **漏電遮断器**とは，地絡の際に自動的に電路を遮断するもので，感電保護を行うものは定格感度電流が30 mA以下で動作時間が0.1秒以内のものが用いられる。

(4) **誘導電動機の電路**は，巻線のインダクタンス（コイル）により電圧に対して電流の位相が遅れるために，**力率の改善を目的として電路に進相コンデンサが設置される。欠相保護は，過負荷継電器**や，過負荷欠相運転防止継電器などが用いられる。

解答　(4)

関連問題 2

電気工事に関する記述のうち，**適当でないもの**はどれか。

(1) 飲料用冷水器の電源回路には，漏電遮断器を設置する。
(2) CD管は，コンクリートに埋設して施設する。
(3) 絶縁抵抗の測定には，接地抵抗計を用いる。
(4) 電動機の電源配線は，金属管内で接続しない。

解説

(3) **絶縁抵抗の測定には，絶縁抵抗計を用いる。**接地抵抗測定には，接地抵抗計（アーステスター）が使用される。

解答　(3)

第3章
建築学

鉄筋コンクリート構造

重要問題11

鉄筋コンクリートに関する記述のうち，**適当でないもの**はどれか。

(1) 鉄筋コンクリートは，主に鉄筋が引張力を負担し，コンクリートが圧縮力を負担する。

(2) 鉄筋のかぶり厚さが大きくなると，一般に，建築物の耐久性が高くなる。

(3) 柱に帯筋を入れる主な目的は，柱の圧縮力に対する補強である。

(4) ジャンカは，鉄筋の腐食の原因になりやすい。

解説

(1) **鉄筋コンクリート**は，主に鉄筋が引張応力を負担し，コンクリートが圧縮応力を負担して両者が一体となり，ねばりある丈夫な構造物をつくることができる。

(2) 鉄筋のかぶり厚さが定められている目的は，**火災時に鉄筋を保護**するためと建物の使用期間中に鉄筋のさびを防止して**耐久性を高める**ために定められている。

(3) **帯筋**は柱の周囲に一定の間隔で水平に巻きつけた鉄筋で，柱の**せん断力**に対する補強と主筋の組立と位置の確保に用いられる。

(4) **ジャンカ**とは，打設されたコンクリートの一部に粗骨材が多く集まってできた空隙の多い欠陥部分のことであり，コンクリートの中性化，鉄筋のさびの原因にもなる。

解答 (3)

 関 連 問 題 1

鉄筋コンクリートに関する記述のうち，**適当でないもの**はどれか。

(1) コンクリートはアルカリ性であるため，鉄筋のさびを防止する効果がある。

(2) 鉄筋コンクリートは，主にコンクリートが圧縮力を負担し，鉄筋が引張力を負担する。

(3) 柱の帯筋は，柱のせん断破壊を防止する補強筋である。

(4) 鉄筋とコンクリートの線膨張係数は，大きく異なる。

解説

(1) 鉄筋のさびは，酸化されて生じるものであり，コンクリートは強いアルカリ性であり，**鉄筋のさびを防止する**。

(2) **鉄筋コンクリート**は，主に鉄筋が引張応力を負担し，コンクリートが圧縮応力を負担する。

(3) 帯筋は柱の周囲に一定の間隔で水平に巻きつけた鉄筋で，柱の**せん断力に対する補強**と主筋の組立と位置の確保に用いられる。

(4) **鉄筋とコンクリートはよく付着し，線膨張係数もほぼ等しいので一体性の高い構造物ができる**。

解答 (4)

✎ 関連問題 2

鉄筋コンクリート造の建築物の鉄筋に関する記述のうち，**適当でないも**のはどれか。

(1) ジャンカ，コールドジョイントは，鉄筋の腐食の原因になりやすい。

(2) 鉄筋のかぶり厚さは，外壁，柱，梁及び基礎で同じ厚さとしなければならない。

(3) あばら筋は，梁のせん断破壊を防止する補強筋である。

(4) コンクリートの引張強度は小さく，鉄筋の引張強度は大きい。

解説

(2) **鉄筋のかぶり厚さは，外壁，柱及び基礎などそれぞれにおいて建基令によってかぶり厚さが決められている**。

解答 (2)

図 柱，梁，基礎のかぶり厚さ

表　建基令第79条によるかぶり厚さ

建築物の部分			かぶり厚さ
壁	耐力壁以外の壁	一　　般	2 cm 以上
		土に接する部分	4 cm 以上
	耐力壁	一　　般	3 cm 以上
		土に接する部分	4 cm 以上
床		一　　般	2 cm 以上
		土 に 接 す る 部 分	4 cm 以上
柱・はり		一　　般	3 cm 以上
		土 に 接 す る 部 分	4 cm 以上
基礎		布基礎の立上り部分	4 cm 以上
		そ　　の　　他	6 cm 以上（捨コンクリートの部分を除く）

コンクリート

重要問題12

コンクリート工事に関する記述のうち，**適当でないもの**はどれか。

(1)　打込み後，硬化中のコンクリートに振動及び外力を加えないようにする。

(2)　型枠の最小存置期間は，平均気温が低いほど長くする。

(3)　コンクリートのスランプ値が大きくなると，ワーカビリティーが悪くなる。

(4)　夏期の打込み後のコンクリートは，急激な乾燥を防ぐために湿潤養生を行う。

解説

(1)　打込み後，硬化中のコンクリートに振動及び外力を加えると，亀裂などの損傷が生じる場合があるため，コンクリートが十分に硬化するまでは養生が必要であり，**振動や外力を加えない**ようにする。

(2)　型枠とは，コンクリートを形造る枠のことである。**存置期間**は，建築物の部分，セメントの種類，平均気温等により定められているが，気温が低い場合は，**強度の発現が遅いので存置期間は長くなる**。

(3)　コンクリートの**スランプの値が大きいほど流動性が高いコンクリート**であり，ワーカビリティー（まだ固まらないコンクリートの打込み時における作

業性の難易度）が**良くなる**。

(4) 乾燥状態で硬化したコンクリートは，十分な強度が得られない恐れがある
ため，外気温が高く急激な乾燥を生じやすい夏期においては，散水等により
湿潤養生を行う必要がある。

解答 （3）

コンクリート工事に関する記述のうち，**適当でないもの**はどれか。

(1) 打込み後，硬化中のコンクリートに振動を加えると密実となり，締固
め効果が上がる。

(2) 冬期の打込み後のコンクリートは，凍結を防ぐために保温養生を行う。

(3) 十分に湿気を与えて養生した場合のコンクリートの強度は，材齢とと
もに増進する性状がある。

(4) 夏期の打込み後のコンクリートは，急激な乾燥を防ぐために湿潤養生
を行う。

◤◤◤ 解説 ◢◢◢

(1) 打込み後，硬化中のコンクリートに振動及び外力を加えると，**亀裂な
どの損傷が生じる場合がある**ため，コンクリートが十分に硬化するまで
は養生が必要であり，振動や外力を加えないようにする。

(2) 冬期で著しく気温が低い場合は，打込み後のコンクリートが凍結しな
いように**保温**，**加温の養生**が必要である。

(3) 十分に湿気を与えて養生した場合のコンクリートの強度は，材齢とと
もに**増進する**。

(4) 乾燥状態で硬化したコンクリートは，十分な強度が得られない恐れが
あるため，外気温が高く急激な乾燥を生じやすい夏期においては，散水
等により**湿潤養生**を行う必要がある。

解答 （1）

建築学

第4章
空調設備

空気調和

熱負荷計算

重要問題13

冷房の熱負荷に関する記述のうち，**適当でないもの**はどれか。

(1) 窓ガラス面からの熱負荷を計算するときは，ブラインドの有無も考慮する。

(2) OA機器による熱負荷は，顕熱と潜熱がある。

(3) 日射負荷は，顕熱のみである。

(4) 人体による熱負荷は，作業形態と室温によって異なる。

解説　室内環境の各種の指標

(1) ガラス窓を通過する熱負荷は，室内外の温度差による**通過熱**と通過する**太陽日射熱**があり，ブラインドを使用した場合は，ガラス面を通過する太陽日射熱量が減少するので，ブラインドの有無も考慮する必要がある。

(2) OA機器の消費電力により，**顕熱**が発生して室内温度を上昇させる。OA機器からは水分の蒸発はなく，潜熱は発生しない。

(3) **太陽日射熱**の影響を受ける建築構造体を通過する熱負荷と窓ガラスを通過する熱負荷は，壁およびガラスを通過して水分の移動はないので**顕熱の負荷**のみである。

(4) **人間の代謝機能に基づく熱放射**は，室内における熱負荷となる。人体からの熱負荷は，体表面，肺臓よりの対流，放射と水分蒸発が大半であり，**作業形態によって，全発熱量が異なる**が，温度が下がるほど顕熱は大きくなり，潜熱は小さくなる。

解答　(2)

表　夏期の人体からの発生熱量　単位〔W／人〕

作業状態		室温	24℃		26℃		28℃	
	例	全発熱量	顕熱	潜熱	顕熱	潜熱	顕熱	潜熱
静座	劇場	98	73	24	64	34	51	47
椅座静位	事務所	100	—	—	—	—	—	—
軽作業	学校	116	80	36	67	49	55	62
事務所業務 軽い歩行	事務所 ホテル デパート	121	81	40	69	53	55	66

(注)　1．夏期：着衣量　0.6 clo
　　　2．環境条件：相対湿度50％，気流速度0.2 m/s
　　　3．日本人体表面積として1.71㎡を用いた。

✎ 関 連 問 題 1

　空気調和の熱負荷計算に関する記述のうち，**適当でないもの**はどれか。

(1)　全熱負荷に対する顕熱負荷の割合を顕熱比（SHF）という。

(2)　日射負荷には，顕熱と潜熱がある。

(3)　暖房負荷計算では，一般に，日射負荷は考慮しない。

(4)　冷房負荷計算では，人体や事務機器からの負荷を室内負荷として考慮する。

解 説

(1)　冷房負荷計算における熱負荷には，温度上昇を伴う顕熱負荷と湿度上昇に伴う潜熱負荷がある。この合計が全熱負荷であり，そして全熱負荷に対する顕熱負荷の割合を**顕熱比**という。

(2)　**太陽日射熱**の影響を受ける建築構造体を通過する熱負荷と窓ガラスを通過する熱負荷は，壁およびガラスを通過して水分の移動はないので**顕熱の負荷のみ**である。

(3)　窓面からの日射は，室温を上昇させる熱負荷であり，**暖房計算**では，有利に働く熱負荷であるため，特別の場合を除き無視する。

(4)　人体や事務機器からの発熱は，室内温度を上昇させる。さらに人体の呼吸や発汗が室内湿度を上昇させるため，**冷房負荷計算**では，室内負荷として考慮する。

解答　(2)

✏️ 関連問題 2

空気調和の熱負荷計算に関する記述のうち、**適当でないもの**はどれか。

(1) 暖房負荷計算では，一般に，日射負荷は考慮しない。

(2) 構造体の構成材質が同じであれば，厚さの薄い方が熱通過率は小さくなる。

(3) 外気による熱負荷を計算する場合，顕熱と潜熱を考慮する。

(4) 窓ガラス面からの冷房負荷計算では，ひさしや袖壁の影響も考慮する。

◀ 解説 ▶

(1) 窓面からの日射は，室温を上昇させる熱負荷であるので，冷房負荷計算では見込まなければならないが，暖房時には，安全側に働く熱負荷であり，**暖房負荷計算では，特に考慮する必要がある場合を除き，無視する。**

(2) **構造体の熱通過率**とは，その構造体の熱の通りやすさを示すものであり，構造体の構成材質が同じであれば，**厚さの薄いものほど熱通過率は大きく**なる。

(3) **外気による熱負荷**とは，外気量から求められる顕熱負荷と潜熱負荷がある。

(4) 窓ガラス面からの**冷房負荷計算**では，ひさし，柱や袖壁及び近隣建物による日射が遮断されるものを外部遮蔽といい，これらの影響も考慮する。

解答 (2)

冷房の基本プロセス

重要問題14

冷房時の湿り空気線図のd点に対応する空気調和システム図上の位置として，**適当なもの**はどれか。

(1) ①

(2) ②

(3) ③

(4) ④

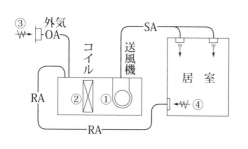

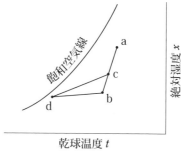

空気調和システム図　　　　　湿り空気線図

解説

冷房時の湿り空気線図の状態点 a，b，c，d は，それぞれ空気調和システム図上，次の状態を表わすものである。

1）　状態点 a は，導入外気（屋外空気）の温湿度状態③を示し，空気線図上では温度と湿度が最も高い状態となっている。

2）　状態点 b は，室内空気の温湿度状態（室内設計条件）④を示す。

3）　状態点 c は，導入外気と室内空気の一部が混合された状態②である。

4）　状態点 d は，空気調和機のコイルにより冷却された直後の空気で吹出し空気の温湿度状態①を示す。空気線図上では温度と湿度が最も低い状態となっている。　　　　　　　　　　　　　　　　　　　　　　　　解答　（1）

関連問題

定風量単一ダクト方式における湿り空気線図上のプロセスに関する記述のうち，適当でないものはどれか。

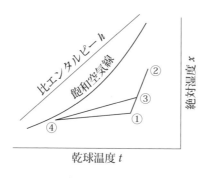

⑴ 図は，冷房時の状態変化を示したものである。

⑵ 室内空気の状態点は，①である。

⑶ 導入外気の状態点は，②である。

⑷ 空気調和機出口空気の状態点は，③である。

◀◀ 解説 ▶▶

　設問の図は，定風量単一ダクト方式の**冷房時における空気の状態変化を**空気線図上に表したものである。図中において，

状態点①は，室内空気の温湿度状態（室内設計条件）を示す。

状態点②は，導入外気（屋外空気）の温湿度状態を示し，空気線図上では温度と湿度が最も高い状態となっている。

状態点③は，導入外気と室内空気の一部が混合された状態で冷却コイル入口空気の状態点を示す。

状態点④は，**空気調和機のコイルにより冷却された直後の空気で吹出し空気の温湿度状態を示す。**

　空調システムで示すと下図の通りである。

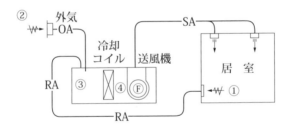

解答 ⑷

暖房の基本プロセス

重要問題15

　暖房時の湿り空気線図のd点に対応する空気調和システム図上の位置として，**適当な**ものはどれか。

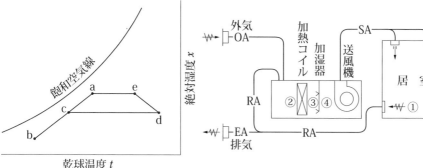

湿り空気線図　　　　　　　　　　空気調和システム図

(1)　①

(2)　②

(3)　③

(4)　④

解説　室内環境の各種の指標

　暖房時の湿り空気線図上の状態点 a，b，c，d，e は，それぞれ空気調和システム図上，次の状態を表すものである。

1）　状態点 a は，室内空気①の温湿度状態（室内設計条件）を示す。

2）　状態点 b は，導入外気（屋外空気）の温湿度状態を示し，空気線図上では温度が最も低い状態となっている。

3）　状態点 c は，導入外気と室内空気の一部が混合された状態②である。

4）　状態点 d は，**空気調和機のコイルにより加熱された直後の空気③の温湿度状態を示す。**

5）　状態点 e は，d 点の空気が加湿器により加湿された後の温湿度状態④で，送風機で居室に吹出す空気である。

解答　(3)

関連問題

　図に示す定風量単一ダクト方式における暖房時の湿り空気線図に関する記述のうち，**適当でないもの**はどれか。

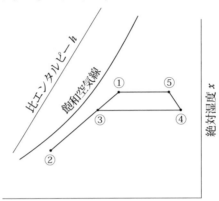

(1)　室内空気の状態点は，①である。

(2)　導入外気の状態点は，②である。

(3)　加熱コイルの入口の空気の状態点は，④である。

(4)　空気調和機の出口の空気の状態点は，⑤である。

解説

　定風量単一ダクト方式の**暖房時における空気の状態変化**を空気線図上に表わしたものである。図中において

1)　状態点①は，室内空気の温湿度状態（室内設計条件）を示す。

2)　状態点②は，導入外気（屋外空気）の温湿度状態を示す。

3)　**状態点③は**，導入外気と室内空気の一部が混合された状態で**加熱コイル入口空気の状態点**を示す。

4)　**状態点④は**，空気調和機のコイルにより**加熱された直後の空気の温湿度状態**を示す。

5)　状態点⑤は，加熱された空気が加湿器により加湿された後の温湿度状態で，送風機で居室に吹出す状態の空気である。

解答　(3)

空気調和計画（空調ゾーニング）

重要問題16

　空気調和計画において，空気調和系統の区分とそのゾーニングの組合せのうち，**適当でないもの**はどれか。

　　（空気調和系統の区分）　　　　　　　　（ゾーニング）
(1)　北側事務所と南側事務所 ――――――― 方位別ゾーニング
(2)　一般事務所と電算機室 ――――――― 温湿度条件別ゾーニング
(3)　インテリアとペリメータ ――――――― 使用時間別ゾーニング
(4)　一般事務所と食堂 ――――――― 負荷傾向別ゾーニング

解説

　空調系統の受け持つ範囲ごとに区分し，空調方式を定めることを**空調ゾーニング**と呼ぶ。

1)　**方位別ゾーニング**は，日射負荷など自然条件の影響が大きい外周部（ペリメータゾーン）においては，東西南北の系統などに区分する。同じ事務室であっても方位によって別系統に区分する。

2)　**温湿度条件別（空調条件別）ゾーニング**は，温湿度など空調条件ごとに区分する。コンピュータルームのように設定温湿度や許容室内温湿度変動幅及び空気清浄度が設置機器によって決定される場合は別系統とする。

3)　**使用時間別ゾーニング**は，使用時間が異なる系統ごとに分割して計画する。24時間使用の室，会議室など不定期に使用する室，休日も使用する室は別系統にする。

4)　**負荷傾向別ゾーニング**は，会議室や食堂など一般事務室と比べて在室人員密度が多い室は，潜熱負荷が多く，顕熱比が小さくなる。また外気取り入れ量も多くなるため別系統にする。

5)　**空気清浄度別ゾーニング**は，病院や喫煙室など各室のじん埃濃度，有害ガス，細菌など空気清浄度をコントロールする必要のある系は，別系統にする。

解答　(3)

関連問題

空気調和計画において，空気調和系統の区分とそのゾーニングの組合せのうち，**適当でないもの**はどれか。

　　（空気調和系統の区分）　　　　　　　　　（ゾーニング）

(1)　北側事務室と南側事務室 ─────── 方位別ゾーニング

(2)　インテリアとペリメータ ─────── 使用時間別ゾーニング

(3)　一般事務室と電算機室 ─────── 空調条件別ゾーニング

(4)　一般事務室と食堂 ─────── 負荷傾向別ゾーニング

解説

(2)　**使用時間別ゾーニング**は，使用時間が異なる系統ごとに分割して計画する。24時間使用の室，会議室など不定期に使用する室，休日も使用する室は一般事務室と別系統にする。**ペリメータゾーン(外周部)**と**インテリアゾーン(内周部)**の区分において使用時間別ゾーニングは行わない。

解答　(2)

空調方式（定風量単一ダクト方式）

重要問題17

定風量単一ダクト方式に関する記述のうち，**適当でないもの**はどれか。

(1)　送風量が多いため，室内の空気清浄度を保ちやすい。

(2)　各室ごとの温度制御が容易である。

(3)　送風量を一定にして送風温度を変化させる。

(4)　同一系統に熱負荷特性の異なる室がある場合には適さない。

解説

定風量単一ダクト方式は，1台の空調機と調和空気を各室に導く一本のダクトから構成され，温度調整弁と湿度調整弁で送風空気の温度と湿度を調整して，常に一定風量を各室に導き空調を行う方式である。

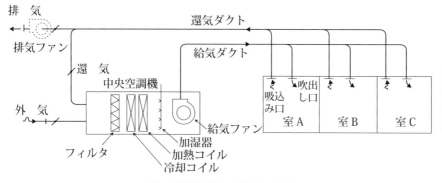

図　定風量単一ダクト方式

(1) 全空気方式のため送風量が大きいので，効率の良いフィルタを設置しやすく室内の**空気清浄度を保ちやすい。**

(2) 空調機の受け持つゾーンを代表する室のサーモスタットにより，送風温度を制御するので**各室ごとの負荷変動に応じた温度制御ができない。**

(3) 送風量を一定にして**送風温度と湿度を変化**させる。

(4) 同一系統に熱負荷特性の異なる室がある場合は，各室の温度・湿度の**アンバランスを生じやすい。**

解答　(2)

空調方式（変風量単一ダクト方式）

重要問題18

変風量単一ダクト方式に関する記述のうち，**適当でないもの**はどれか。

(1) 部屋ごとに個別制御が可能である。

(2) 送風量の減少時においても必要外気量を確保する必要がある。

(3) 定風量単一ダクト方式に比べて搬送エネルギーが大きくなる。

(4) 室内の気流分布が悪くならないように最小風量設定が必要となる。

解説

変風量単一ダクト（VAV）方式は，送風温度を一定にして<u>各室ごとの風量制御ユニットにより送風量を変化させる方式</u>である。

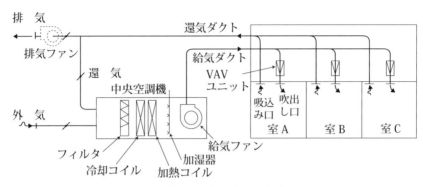

図　変風量単一ダクト方式

(1)　変風量単一ダクト方式は，各部屋に設けられた温度検知器からの信号により，変風量ユニットを制御する。各部屋への吹出し風量を負荷変動に応じて変化させることにより，**個別に温度制限が可能**である。

(2)　変風量単一ダクト方式は，低負荷時には，外気量も減少するので，**最小風量時においても必要外気量の確保ができるような対策が必要**である。

(3)　定風量単一ダクト方式は，常に一定の風量で送風するのに対して，**変風量単一ダクト方式は低負荷時には，必要送風量が減るので，送風機を回転数制御することにより動力の節約**ができる。

(4)　変風量単一ダクト方式における吹出し気流は，居住空間への冷気降下によるコールドドラフトと気流停滞の問題を生じることがあるので，**最小風量の設定と吹出口の選定には留意**する。

解答　(3)

 **関連問題**

　変風量単一ダクト方式を用いた空気調和設備に関する記述のうち，**適当でないもの**はどれか。

(1)　定風量単一ダクト方式に比べて，空気搬送動力の節減を図ることができる。

(2)　一般に，負荷の変動に対して，給気温度を変化させる。

(3)　一般に，各室ごとの VAV ユニットにより吹出し風量を制御する。

(4)　低負荷時には，室内の湿度制御が困難である。

解説

(1)　**変風量単一ダクト方式**は，各室ごとに必要な空気を送れるため搬送動力の節減ができ，また不要な室への送風が停止できるため省エネルギー化を図ることができる。

(2)　負荷の変動に対して，<u>送風温度を一定</u>にして各室ごとの風量制御ユニットにより送風量を変化させる方式である。

(3)　送風量の制御は，それぞれの風量制御（VAV）ユニットに設けられた風速センサーにより**ユニットの風量**をダンパーによって**制御**し，ダンパーの開度信号に基づき送風機を制御する。

(4)　風量が顕熱によって絞られるので湿度の関連性がとりにくく，**顕熱比が変化すると湿度制御はできない**。

解答　(2)

空気調和方式

重要問題⑲

空気調和方式に関する記述のうち，**適当でないもの**はどれか。

(1)　ダクト併用ファンコイルユニット方式は，全空気方式に比べてダクトスペースが大きくなる。

(2)　ダクト併用ファンコイルユニット方式は，空調する室に熱媒体として空気と水を供給する方式である。

(3)　マルチパッケージ形空気調和方式は，屋内機ごとに運転，停止ができる。

(4)　マルチパッケージ形空気調和方式では，屋内機に加湿器を組み込んだものがある。

解説

(1)　**ダクト併用ファンコイルユニット方式**は，空調対象室内に設置したファンコイルユニットと機械室などに設置した空調機の双方により空調を行うもので，ダクトからの送風量を抑えることができ，ダクトサイズを小さくできて<u>ダクトスペースが小さくなる</u>。

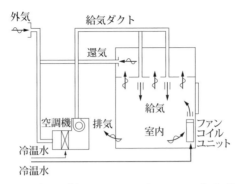

図　ダクト併用ファンコイルユニット方式

⑵　**ダクト併用ファンコイルユニット方式**は，機械室などに設置した空調機から調和空気の送風と，空調対象室内に設置したファンコイルユニットへの冷温水による空調方式である。空気と水が熱を搬送する熱媒体である。

⑶　**マルチパッケージ形空気調和方式**は，複数の屋内ユニットを冷媒配管で連結し，1台の屋外ユニットでまかなうもので，屋内ユニットごとに単独運転，停止ができる。

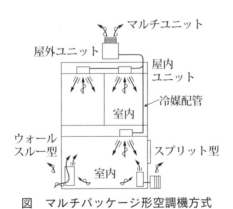

図　マルチパッケージ形空調機方式

⑷　**マルチパッケージ形空気調和方式**の屋内ユニットには，コイルの後ろに自然蒸発式加湿器を組み込んだものがあるが，効率は低い。

解答　⑴

関連問題

空気調和方式に関する記述のうち，**適当でないもの**はどれか。

(1) 変風量単一ダクト方式は，一般に，室内の負荷変動に対し，送風量を変化させる。

(2) ダクト併用ファンコイルユニット方式は，全空気方式に比べ，ダクトスペースが大きくなる。

(3) 定風量単一ダクト方式は，同一系統に熱負荷特性の異なる室がある場合には適さない。

(4) マルチパッケージ形空調方式は，全熱交換ユニットなどを使って外気を取り入れる必要がある。

解説

(1) **変風量単一ダクト方式**は，負荷の変動に対して，**送風温度を一定に制**御して各室ごとの室内温度検出器により風量制御ユニットの送風量を制御させる方式である。

(2) **ダクト併用ファンコイルユニット方式**は，空調対象室内に設置したファンコイルユニットと機械室などに設置した空調機の双方により空調を行うものであり，ファンコイルユニットでも処理することから，**ダクトからの送風量を抑えられるので，ダクトスペースが小さく**できる。

(3) **定風量単一ダクト方式**は，1台の空調機により作り出される同一状態の調和空気を，常に一定風量で各室に導く空調方式である。そのために同一系統に熱負荷特性の異なる室がある場合，温度や湿度のアンバランスを生じやすい。

(4) **マルチパッケージ形空調方式**は，標準的機種において加湿器が組み込めないので別途対策が必要で，また外気導入についても給・排気用送風機と全熱交換器を用いて確実な換気を行う必要がある。

解答 (2)

空気清浄装置

重要問題20

ろ過式エアフィルタのろ材の特性として，**適当でないもの**はどれか。

(1) 難燃性又は不燃性であること。
(2) 吸湿性が高いこと。
(3) 粉じんの保持量が大きいこと。
(4) 空気抵抗が小さいこと。

解説

ろ過式エアフィルタのろ材の性質は，

1) 難燃性又は不燃性であること。
2) **吸湿性が少ない**こと。
3) 腐食及びカビの発生が少ないこと。
4) 飛じんの少ないこと。すなわち，粉じん保持量が大きいこと。
5) 空気抵抗が小さいこと。
    などがあげられる。

解答 （2）

 関 連 問 題 1

空気清浄装置に関する記述のうち，**適当でないもの**はどれか。

(1) HEPA フィルタは，クリーンルームなどの最終段フィルタとして使用される。
(2) エアフィルタの性能試験方法のうち質量法は，主に粗じん用フィルタに用いられる。
(3) 自動巻取形は，フィルタ前後の差圧又はタイマーなどにより自動的に巻取りが行われる。
(4) ろ材は，特性の一つとして空気抵抗が大きいことが求められる。

 解 説

(1) HEPA フィルタは，放射性ダクトや精密機械のクリーンルームなどの超高度の空気浄化用に使用される。先に粗じん用エアフィルタと中性

能エアフィルタで粗じんを除去した後に最終段フィルタとして設置される。

(2) **エアフィルタの性能**は，粒子捕集率，圧力損失や試験粉じん供給量によって表わされる。その**粒子捕集率の計測方法**は計数法と質量法があり，**質量法**は，主に粗じん用フィルタの試験に用いられる。

(3) **自動巻取形**は，ロール状に巻いたろ材を，フィルタ前後の差圧又はタイマーなどにより別のロールに自動的に巻取り長時間使用できるようにしたものである。

(4) **ろ材**は，**ろ材の性能の一つに空気抵抗が小さい**ことが求められる。

解答　(4)

エアフィルタの「種類」と「主な用途」の組合せのうち，**適当でないもの**はどれか。

（種類）	（主な用途）
(1) 活性炭フィルタ ———	屋外粉じんの除去
(2) 電気集じん器 ———	屋内粉じんの除去
(3) HEPAフィルタ ———	クリーンルーム用
(4) 自動巻取形 ———	一般空調用

(1) **活性炭フィルタ**は，有害ガスや臭気を除去に用いられる。

(2) **電位集じん器**は，高圧電界による荷電及び吸引付着力により粉じんを除去する。

(3) **HEPAフィルタ**は，放射性ダクトや精密機械のクリーン・ルームなどの超高度の空気浄化用に使用される。

(4) **自動巻取形**は，ロール状に巻いたろ材をフィルタ前後の差圧又はタイマーなどにより別のロールに自動的に巻き取り，長時間使用できるようにしたものである。

解答　(1)

第1節　空気調和

第2節　冷暖房

暖房方式

重要問題21

暖房方式に関する記述のうち，**適当でないもの**はどれか。

(1) 蒸気暖房は，温水暖房に比べてウォーミングアップの時間が短い。

(2) 蒸気暖房は，温水暖房に比べて室内の負荷に応じた制御が容易である。

(3) 温水暖房は，蒸気暖房に比べて所要放熱面積が大きくなる。

(4) 温水暖房は，温水の顕熱のみを利用している。

解説

(1) **蒸気暖房**は，温水暖房に比べて熱媒温度が高く，放熱器面積も装置全体の熱容量も小さいため，**ウォーミングアップの時間が短い**。

(2) **蒸気暖房**は，温水暖房に比べて熱媒温度が高く，室内の負荷変動に対する**放熱量の制御が難しい**。

(3) **温水暖房**は，蒸気暖房に比べて熱媒温度が低く，**所要放熱面積が大きくなり**，配管も太くなる。

(4) **温水暖房**は，放熱器による**温水の温度降下に伴う顕熱を利用**する暖房である。

解答　(2)

✏️ **関連問題**

暖房に関する記述のうち，**適当でないもの**はどれか。

(1) 温水暖房は，蒸気暖房に比べて装置全体の熱容量が大きいので，予熱時間が短い。

(2) 温水暖房は，蒸気暖房に比べて室内の温度制御が比較的容易である。

(3) 温水暖房は，温水の顕熱を利用し，蒸気暖房は主に蒸気の潜熱を利用する。

(4) 温水暖房は，蒸気暖房に比べて，一般に，所要放熱面積が大きく，また配管径も大きくなる。

(1) **温水暖房**は，蒸気暖房に比べて装置全体の熱容量が大きいので，**余熱に時間がかかる**。そのため加熱を中止してもかなりの時間ある程度の暖房効果を維持できる。
(2) **温水暖房**は，蒸気暖房に比べて温水温度の制御や放熱弁の調整によって室内の**温度制御が比較的容易**にできる。
(3) **温水暖房**は，温水の温度降下に伴う顕熱を利用し，蒸気暖房（100℃以上）は主に飽和蒸気の凝縮に伴う**潜熱を利用**する。
(4) **温水暖房**は，蒸気暖房に比べて熱媒温度が低く，所要放熱面積が大きくなり，**配管も大きくなる**。

解答　(1)

温水床パネル式の低温放射暖房

重要問題22

温水床パネル式の低温放射暖房に関する記述のうち，**適当でないもの**はどれか。
(1) 室内空気の上下温度むらにより，室内気流を生じやすい。
(2) 放熱器や配管が室内に露出しないので，火傷などの危険性が少ない。
(3) 放射パネルの構造によっては，パネルの熱容量が大きく放射量の調節に時間がかかる。
(4) 室内空気温度を低く設定しても，平均放射温度を上げることにより，ほぼ同様の温熱感が得られる。

解説

温水式パネル低温放射暖房は，38～55℃の温水または電熱線をパネルに埋設して使用するもので次のような特徴がある。

長所
1） 室内空気の温度のむらが室の上下で少なく，室内気流を生じにくいので
快適性に優れている。
2） 放熱器や配管が室内に露出しないので，部屋の利用度が高く，火傷など
の危険性も少ない。
3） 天井の高い劇場・大会議室・ホールなどの床に補助的に用いると，他の
暖房方式の欠点を補うことができる。
4） 平均放射温度を上げることによって，室内空気温度を低くしてもほぼ同
一の暖房効果が得られるので，室内と外気の温度差を小さくする事ができ，
建物の熱損失を少なくできる。

短所
1） 他の暖房方式に比べて設備費が高い。
2） 故障時の修理や故障箇所の発見が困難である。
3） パネル熱容量が大きく，予熱時間が長くなるので，放熱量の調整に時間
が掛かり間欠運転には適さない。

解答 （1）

関連問題

温水床パネル式低温放射暖房に関する記述のうち，適当でないものはど
れか。
(1) 対流暖房に比べて室内空気の上下の温度差が大きくなり，室内気流を
生じやすい。
(2) 対流暖房に比べて室内空気温度を低くしても，同一の暖房効果が得ら
れる。
(3) 対流暖房に比べて，一般に，予熱時間が長くなる。
(4) 漏水箇所の発見や，修理が困難である。

解説

(1) 温水床パネル式低温放射暖房は，室内空気の上下の温度差が少なく，
室内気流が生じにくく快適性に優れている。
(2) 低温放射暖房は，平均放射温度を上げることによって，室内空気温度

を低くできるので，建物の熱損失を少なくできる。

(3) **低温放射暖房**は，熱容量が大きく，**予熱時間が長くなる**ので，間欠運転には適さない。

(4) **低温放射暖房**は，漏水箇所の発見や故障箇所の**発見が困難**である。

解答　(1)

膨張タンク

重要問題23

温水暖房における膨張タンクに関する記述のうち，**適当でないもの**はどれか。

(1) 密閉式膨張タンクを用いる場合には，安全弁などの安全装置が必要である。

(2) 密閉式膨張タンクは，一般に，ダイヤフラム内に封入された空気の圧縮性を利用している。

(3) 開放式膨張タンクは，装置内の空気の排出口として利用できる。

(4) 開放式膨張タンクに接続する膨張管は，循環ポンプの吸込み側には設けない。

解説

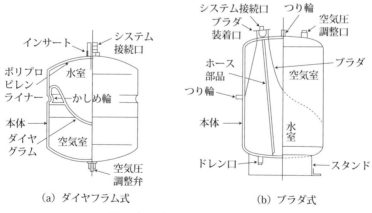

(a) ダイヤフラム式　　　(b) ブラダ式

図　密閉式膨張タンクの構造

膨張タンクの目的は,

1) 装置内の温度変化に伴う水の膨張収縮による,装置内の圧力変動を吸収する。

2) 運転中装置内の圧力を正圧に保ち,空気の吸込み及び配管系内での温水の蒸発を防ぐ。

3) 膨張した水の流失を防ぐ。

以上の3項目である。

(1) **密閉式膨張タンク**は,配管の異常圧力を防止するため,安全弁または逃し弁を設ける。

(2) **密閉式膨張タンク**は,温水や給湯装置内で膨張した量をタンク内のゴム製のダイヤフラムやブラダの中に封入された空気の圧縮性を利用して吸収する。

(3) **開放式膨張タンク**は,装置内の空気の排出口として利用でき,配管の空気だまりには空気抜き弁を設ける。

(4) **開放式膨張タンクに接続する膨張管**は,空調配管系の正圧を保つために循環ポンプの**吸込み側に設ける**。　　　　　　　　　　　　解答　(4)

✎ 関 連 問 題

温水暖房における膨張タンクに関する記述のうち,**適当でないもの**はどれか。

(1) 温度上昇による水の膨張に対し,装置各部に障害となるような圧力を生じさせないために設ける。

(2) 密閉式膨張タンクは,必ず配管系の最上部に設ける必要がある。

(3) 密閉式膨張タンクは,一般に,ダイヤフラム型が用いられる。

(4) 開放式膨張タンクは,装置内の空気の排出口として利用される。

▶ 解 説 ◀

(2) **開放式膨張タンク**は,大気に開放されているので,そこから温水があふれ出ないように一番高い場所にある機器より 1～2 m 高い位置に設置するが,**密閉式膨張タンク**は,**任意の高さに取り付けられる**。

解答　(2)

冷暖房　パッケージ型空気調和機

重要問題24

パッケージ形空気調和機に関する記述のうち，**適当でないもの**はどれか。

(1) ヒートポンプ方式には，空気熱源ヒートポンプ方式と水熱源ヒートポンプ方式がある。

(2) ヒートポンプ方式では，屋外機を屋内機より高い位置に設置することはできない。

(3) ガスエンジンヒートポンプ方式は，圧縮機の駆動機としてガスエンジンを使用するものである。

(4) ヒートポンプ方式のマルチパッケージ形空気調和機には，1台の屋外機に接続された個々の屋内機ごとに冷房運転又は暖房運転が選択できる方式がある。

解説

パッケージ形空気調和機は，圧縮機・凝縮器・蒸発器などの冷媒サイクル系機器及び送風機・エアフィルター・自動制御機器などから構成され，1つの箱に収納された空気調和機を単独または複数設置して空調を行う。

(1) パッケージ形空気調和機を分類すると，冷房専用，**冷暖房兼用（ヒートポンプ）** と暖房専用があり，熱源では**空気熱源ヒートポンプ方式と水熱源ヒートポンプ方式**がある。

(2) **ヒートポンプ方式**では，屋外機と屋内機の高低差や冷媒管の長さに制限があるが，高低差は**屋外機が上部設置の場合で50 m** といわれている。

(3) ガスエンジンヒートポンプ方式は，圧縮機の駆動機としてガスエンジンを使用し，**排ガスや冷却水からの排熱を回収する**システムを備えている。

(4) ヒートポンプ方式のマルチパッケージ形空気調和機には，1台の屋外機に接続された個々の**屋内機ごとに冷房運転又は暖房運転が選択できる方式**がある。同一冷媒配管内に冷房運転と暖房運転が混在する場合は，他の屋内機からの熱回収ができる。

解答　(2)

関連問題

パッケージ形空気調和機に関する記述のうち, **適当でないものはどれか。**

(1) 天井カセット形では, ドレン配管の自由度を高めるためドレンアップする方式のものが多い。

(2) ヒートポンプ方式には, 空気熱源ヒートポンプと水熱源ヒートポンプがある。

(3) ヒートポンプ方式では, 屋外機を屋内機より高い位置に設置することはできない。

(4) ガスエンジンヒートポンプ方式は, エンジンの排熱が利用できるため寒冷地にも適している。

解説

(1) 室内ユニットが天井カセット形では, 自然流下でドレンを排出できない場合があり, ドレン配管の自由度を高めるため**ドレンアップ装置によりドレンを圧送させる方式**を用いる。

(2) ヒートポンプ方式には, 熱源によって**空気熱源ヒートポンプ方式と水熱源ヒートポンプ方式**の2種類がある。

(3) ヒートポンプ方式では, 冷媒管の長さや<u>屋外機と屋内機の高低差に制限</u>があり, 配管長は150 m, 高低差は**屋外機を上部設置で50 m**, 下部設置で40 m といわれている。

(4) ガスエンジンヒートポンプ方式は, 圧縮機の駆動機としてガスエンジンを使用し, 寒冷地においても排ガスや冷却水からの**排熱を回収**し, **暖房能力と効率を高めている**。

解答 (3)

パッケージ型空気調和機全般

重要問題25

パッケージ形空気調和機に関する記述のうち，**適当でないもの**はどれか。

(1) ガスエンジン式のものは，電動式のものに比べ，寒冷地において暖房能力が低い。

(2) 冷媒には，一般に，オゾン層破壊係数が 0（ゼロ）のものが使われている。

(3) マルチパッケージ形空気調和機は，1台の室外機に対して，複数台の室内機が冷媒管で結ばれる。

(4) マルチパッケージ形空気調和機は，室内機に加湿器を組み込んだものがある。

解説

(1) **ガスエンジンヒートポンプ方式**は，圧縮機の駆動機としてガスエンジンを使用し，冷暖房を行うものである。寒冷地にいても排ガスや冷却水からの排熱を回収し，暖房能力と効率を高めている。

(2) パッケージ形空気調和機に使用する**冷媒**は，オゾン層破壊係数が 0（ゼロ）のものが開発され実用化されている。

(3) マルチパッケージ形空気調和機は，1台の室外機に対して，**複数台の室内機を冷媒管で連結し使用**する空調方式である。

(4) マルチパッケージ形空気調和機の室内機には，コイルの後ろに**自然蒸発式加湿器**を組み込んだものがある。

解答　(1)

関連問題

パッケージ形空気調和機に関する記述のうち，**適当でないもの**はどれか。

(1) マルチパッケージ形空気調和機は，1台の屋外機に対して複数の屋内機を接続し，屋内の冷房や暖房を行うものである。

(2) パッケージ形空気調和機は，ユニット形空気調和機を用いた空気調和方式に比べて機械室面積やダクトスペースが広く必要となる。

(3) インバーター制御方式は，電動機の回転数をインバーターで変化させることにより，圧縮機の回転数を変化させ冷房や暖房の能力を制御するものである。

(4) ガスエンジンヒートポンプ式空気調和機は，屋外機内にある圧縮機を
ガスエンジンで駆動し，冷房や暖房を行うものである。

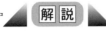

(1) マルチパッケージ形空気調和機は，1台の屋外機に対して**複数の屋内機を冷媒配管で接続**し，屋内の冷房や暖房を行う空調方式である。

(2) **パッケージ形空気調和機**は，ほとんどの機材をケース内にコンパクトに納められ，屋外機は屋上に設置され，室内機は天井内に設置されることが多いので，他の空調方式と比べ，**機械室の面積を小さく**することができる。

(3) パッケージ形空気調和機は，インバーター制御方式により電動機の回転数を変化させることにより，**圧縮機の回転数を可変速制御**し，冷房や暖房の能力を制御するものである。

(4) ガスエンジンヒートポンプ式空気調和機は，屋外機内にある**圧縮機をガスエンジンで駆動**し，**冷房や暖房を行う**ものであり，ガスエンジンの排熱を暖房に利用でき寒冷地においても暖房運転の立ち上がりも良く，また室外熱交換機の除霜にもガスエンジン排熱を利用でき，暖房能力の低下を防止できる。

解答 (2)

有効換気量の計算

重要問題26

特殊建築物の居室に機械換気設備を設ける場合，有効換気量の最小値を算出する式として，「建築基準法」上，正しいものはどれか。

ただし，

V：有効換気量 $[\text{m}^3／\text{h}]$

Af：居室の床面積 $[\text{m}^2]$

N：実況に応じた1人当たりの占有面積 $[\text{m}^2]$

(1)　$V = \dfrac{10\,Af}{N}$

(2)　$V = \dfrac{20\,Af}{N}$

(3)　$V = \dfrac{50\,Af}{N}$

(4)　$V = \dfrac{100\,Af}{N}$

解説

有効換気量は次式によって計算した数値以上とする。(建基令第20条の2第一号ロ)

$$V = \dfrac{20\,Af}{N}$$

Vは有効換気量 $[\text{m}^3／\text{h}]$

Afは居室の床面積 $[\text{m}^2]$

Nは実況に応じた1人当たりの占有床面積 $[\text{m}^2／人]$

1人1時間当たりに供給されるべき外気量は，$20\,\text{m}^3／\text{h·人}$

従って(2)が正解である。

解答　(2)

関連問題 1

　図に示す開放式の燃焼器具を設けた室の換気扇の最小風量として，「建築基準法」上，適当なものはどれか。

　ただし，K：燃料の単位燃焼量当たりの理論廃ガス量〔$m^3/(kW \cdot h)$〕

　　　　　Q：器具の燃料消費量　〔kW〕

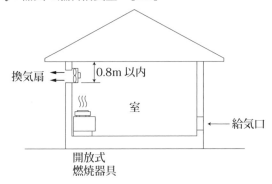

(1)　　$2\,KQ$〔m^3/h〕

(2)　$20\,KQ$〔m^3/h〕

(3)　$30\,KQ$〔m^3/h〕

(4)　$40\,KQ$〔m^3/h〕

解説

　開放式燃焼器具を使用する調理室等に設ける換気設備で，排気口又は排気筒を設ける場合の換気扇の**有効換気量**は，次式による数値以上とされている。（建基令第20条の3第2項第一号，告示第1826号第3）

　　　$V = 40\,KQ$

　Vは換気扇の有効換気量〔m^3/h〕

　Kは燃料の単位燃焼量当たりの理論廃ガス量〔$m^3/kW \cdot h$〕

　Qは実況に応じた燃料消費量〔kW〕

従って(4)が正解である。

|解答　(4)|

✎ 関連問題 2

床面積の合計が100 m²を超える住宅の調理室に設置するこんろの上方に，図に示すレンジフード（排気フードⅠ型）を設置した場合，換気扇等の有効換気量の最小値として，「建築基準法」上，正しいものはどれか。

ただし，K：燃料の単位燃焼量当たりの理論廃ガス量 $[m^3/(kW \cdot h)]$

Q：火を使用する設備又は器具の実況に応じた燃料消費量$[kW]$

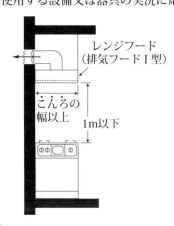

(1)　$2\,KQ\ [m^3/h]$

(2)　$20\,KQ\ [m^3/h]$

(3)　$30\,KQ\ [m^3/h]$

(4)　$40\,KQ\ [m^3/h]$

◤解説◢

排気フードのⅠ型とⅡ型の違いは火源の周囲を覆う大きさと集気部分の形状にあり，**有効換気量は異なる**。(建基令第20条の3, 告示第1826号第3条)

排気フードⅠ型の場合は

$V = 30\,KQ$

排気フードⅡ型の場合は

$V = 20\,KQ$

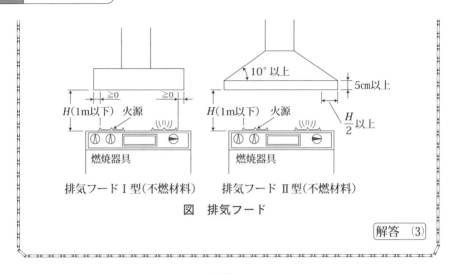

図　排気フード

解答　(3)

給気口の寸法計算

重要問題27

図に示すような室を換気扇で換気する場合，給気口の寸法として，**適当なも**のはどれか。

ただし，換気扇の風量は360 m³/h，給気口の有効開口面風速は2 m/s，給気口の有効開口率は35％とする。

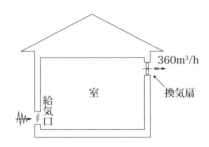

(1)　400mm×200mm

(2)　400mm×300mm

(3)　500mm×300mm

(4)　500mm×400mm

解説

給気口の開口面積は，次式で表わされる。

$$A = \frac{Q}{3600\,v\alpha}$$

A は開口面積 $[\mathrm{m^2}]$

Q は換気扇の風量 $[\mathrm{m^3/h}]$

v は有効開口面風速 $[\mathrm{m/s}]$

α は有効開口率 $[\%]$

この式に設問の数値を代入して計算すると

$$A = \frac{Q}{3600\,v\alpha} = \frac{360}{3600\times 2 \times 0.35} \fallingdotseq 0.15 \ [\mathrm{m^2}]$$

開口部の寸法では500㎜×300㎜ ＝ 0.5×0.3 ＝ 0.15 $[\mathrm{m^2}]$ となり

(3)が正解となる。

解答　(3)

 関連問題

　室面積90 $\mathrm{m^2}$，天井高さ3.0 mの室を換気回数5回／hで機械換気する場合，外気取り入れガラリの最小寸法として，**適当なもの**はどれか。

　ただし，ガラリの有効開口面風速は3 m／s ガラリの開口率は50％とする。

(1)　250㎜×500㎜

(2)　500㎜×500㎜

(3)　750㎜×500㎜

(4)　1,000㎜×500㎜

解説

換気風量 Q は，室面積，天井高さと換気回数から求められる。

$$Q = 90\times 3 \times 5 = 1350 \ [\mathrm{m^3/h}]$$

外気取り入れガラリの開口面積 A は次式で求める。

$$A = \frac{Q}{3600\,v\alpha} = \frac{1350}{3600\times 3 \times 0.5} = 0.25 \ [\mathrm{m^2}]$$

開口部の寸法では500㎜×500㎜ ＝ 0.5×0.5 ＝ 0.25 $[\mathrm{m^2}]$ となり

(2)が正解となる。

解答　(2)

換気方式

重要問題28

換気方式に関する記述のうち，**適当でないもの**はどれか。

(1) 第一種機械式換気方式では，換気対象室内の圧力の制御を容易に行うことができる。

(2) 第二種機械式換気方式では，換気対象室内の圧力は正圧となる。

(3) 第三種機械式換気方式では，換気対象室内の圧力は負圧となる。

(4) 温度差を利用する自然換気方式では，換気対象室のなるべく高い位置に給気口を設ける。

解説

(1) **第一種機械式換気方式**は，**給気側と排気側にそれぞれ専用の送風機を設け**強制的に給排気を行うので，室内の気流や圧力制御も容易に行うことができる。

(2) **第二種機械式換気方式**は，**給気側のみ送風機を設けて強制的に給気**し，室内を正圧に保ち，排気は室内圧が正圧になった分だけ排気口から逃す方式で，空気調和における外気の取入れに適している。

(3) **第三種機械式換気方式**は，**排気側のみ送風機を設けて強制的に排気**し，室内を負圧に保ち，給気は給気口を通じて室内の負圧に見合う量が流入するのを期待する方式で，便所や浴室のような臭気や水蒸気が室外に拡散するのを防ぐ場合に有効である。

(4) **温度差を利用する自然換気方式**は，室内の空気温度が室外の空気温度よりも高い時に生じる**密度差**による**浮力**を利用して室内空気を室外に排出する方法である。**給気口は換気対象室のできるだけ低い位置に設け**，給気口と排気口の高さの差を大きくして排出力を高める。

解答 (4)

関連問題 1

換気設備に関する記述のうち，**適当でないもの**はどれか。

(1) 喫煙室の換気には，第2種機械換気を採用した。

(2) 浴室の換気には，第3種機械換気を採用した。

(3) 熱源機械室の換気には，第1種機械換気を採用した。

（4）　自然換気は，風力又は温度差による浮力を利用している。

 解 説

（1）　**喫煙室の換気**は，たばこの煙が**拡散する前に吸引して屋外**に排気する
　　方法をとる。それには給気側と排気側にそれぞれ専用の送風機を設け強
　　制的に給排気をする第1種機械換気方式と排気側のみ送風機を設けて強
　　制的に排気し，室内を負圧に保ち，給気は給気口を通じて室内の負圧に
　　見合う量が流入するのを期待する第3種機械換気方式がある。

（2）　第3種機械式換気方式は，**排気側のみ送風機を設けて強制的に排気**
　　し，室内を負圧に保ち，給気は給気口を通じて室内の負圧に見合う量が
　　流入するのを期待する方式で，**浴室のような水蒸気が室外に拡散する**の
　　を防ぐ場合に有効である。

（3）　**熱源機械室**などは，燃焼用空気の確実な供給や室内温度の上昇を防ぐ
　　必要があるため，**給気側と排気側にそれぞれ専用の送風機を設け強制的**
　　に給排気をする第1種機械換気方式室が適している。

（4）　**自然換気**には，建物に風が当たることにより生じる**風力差を利用**した
　　換気法と空気の温度差により生じる密度差による**浮力を利用**した換気法
　　の2つがある。

解答　（1）

 関 連 問 題 2

　換気設備に関する記述のうち，**適当でないもの**はどれか。
（1）　厨房の換気に，給排気側にそれぞれ送風機を設けた。
（2）　ボイラー室の換気に，給排気側にそれぞれ送風機を設けた。
（3）　便所や浴室の換気に，排気側のみに送風機を設けた。
（4）　有害なガスが発生する部屋の換気に，給気側のみに送風機を設けた。

 解 説

（1）　**厨房の換気**は，臭気等が食堂などへ流れ出ないように**給気側と排気側**
　　にそれぞれ送風機を設ける第1種機械換気方式が適している。

（2）　**ボイラー室**などの熱源機械室は，燃焼用空気の確実な供給や室内温度

の上昇を防ぐ必要があるため，**給気側と排気側にそれぞれ専用の送風機を設け強制的に給排気をする第1種機械換気方式室**が適している。

(3) **便所や浴室の換気**は，臭気や水蒸気が室外に拡散するのを防ぐ必要があり，**排気側のみ送風機を設けて強制的に排気**し，室内を負圧に保ち，給気は給気口を通じて室内の負圧に見合う量が流入するのを期待する第3種機械式換気方式が適している。

(4) **有害なガスが発生する部屋の換気**は，有害なガスが拡散する前に吸引して屋外に排気する必要があり，有害なガスが発生する室は負圧にするために，**第1種又は第3種機械換気方式**とする。

解答 (4)

排煙設備

重要問題29

排煙設備の目的に関する記述のうち，**適当でないもの**はどれか。ただし，本設備は「建築基準法」上の「特殊な構造」によらないものとする。

(1) 爆発的な火災の拡大による他区画への延焼を防止することができる。

(2) 機械排煙設備の作動中は，室内が負圧になるため，煙の流出を抑えることができる。

(3) 消防隊による救出活動及び消火活動を容易にすることができる。

(4) 避難通路の安全を確保し，避難活動を容易にすることができる。

解説

排煙設備の目的は，人命の安全確保であり，火災の際に建物内に放出される煙やガスの流動を制御して，避難・救出・消火活動を容易にさせなければならない。

(1) **排煙設備は，**人命の安全確保であり，爆発的な火災の拡大であるフラッシュオーバーを防ぐものではない。

(2) **機械排煙設備は，**発生した煙を機械力によって強制的に排出する方式で，機械の作動中は，一定量の煙を確実に排出でき，その室内が負圧になるため，煙の流出を抑えることができる。

(3) **排煙設備の目的は，**火災の際に建物内に放出される煙やガスの流動を制御

して，避難・救出・消火活動を容易にさせることにある。

(4) **排煙設備の目的**は，人命の安全確保であり，火災時に火災室で発生した煙が人々の避難経路となる通路，廊下，ロビーや階段などに侵入するのを防ぎ，避難しやすいように処置をすることである。

解答 (1)

 関連問題

排煙設備に関する記述のうち，**適当でないもの**はどれか。

ただし，本設備は「建築基準法」上の「階及び全館避難安全検証法」及び「特殊な構造」によらないものとする。

(1) 排煙設備の排煙口，ダクトその他煙に接する部分は，不燃材料で造る。

(2) 排煙口には，手動開放装置を設ける。

(3) 電源を必要とする排煙設備には，予備電源を設ける。

(4) 排煙口の設置は，天井面に限定されている。

 解説

(1) 排煙口を構成する材料は，不燃材料であること。また排煙ダクトの断熱は金属以外の不燃材料であることが規定されている。（建基令第126条の3第1項第二号）

(2) 排煙口は，正常時では閉鎖状態を保持し，火災時に手動開放装置によって開放させる（同項第四号）。

(3) 電源を必要とする排煙設備には，蓄電池又は自家発電装置などで予備電源を設ける（同項第十号）。

(4) **排煙口の設置位置**は，<u>天井又は壁の上部</u>とし，**天井面より80cm以内かつ防炎垂れ壁以内**とする。（同項第三号）

解答 (4)

第5章
衛生設備

上水道施設

重要問題30

上水道の取水施設から配水施設に至るまでのフローとして，**適当なものはど**れか。

(1) 取水施設 → 浄水施設 → 導水施設 → 送水施設 → 配水施設
(2) 取水施設 → 導水施設 → 浄水施設 → 送水施設 → 配水施設
(3) 取水施設 → 送水施設 → 浄水施設 → 導水施設 → 配水施設
(4) 取水施設 → 浄水施設 → 送水施設 → 導水施設 → 配水施設

解説

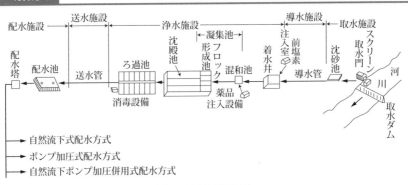

図　水道施設の例

上水道の施設は，**取水施設**，**貯水施設**，**導水施設**，**浄水施設**，**送水施設**，**配水施設**の順に，下全部の施設又は一部の施設を除いて構成されている。

解答　(2)

関連問題

上水道施設に関する記述のうち，**適当でないもの**はどれか。

(1) 取水施設は，河川，湖沼，地下の水源から水を取り入れ，粗いごみや砂を取り除く施設である。

(2) 導水施設は，取水施設から浄水施設まで原水を送る施設である。

(3) 浄水施設は，原水を水質基準に適合させるために，沈殿，ろ過，消毒等を行う施設である。

(4) 送水施設は，浄化した水を給水区域内の需要者に必要な圧力で必要な量を供給する施設である。

解説

(1) **取水施設**は，河川，湖沼，地下の水源から水を取り入れ，粗いごみや砂を取り除き，導水施設へ送り込む施設である。

(2) **導水施設**は，取水施設で取水された原水を，浄水施設まで送る施設である。

(3) **浄水施設**は，原水を水質基準に適合する水に浄化する施設であり，沈殿，ろ過，消毒等を行う。

(4) **送水施設**は，浄水施設で浄化した水を配水施設の**配水池まで送る施設**である。また配水池から給水区域内の需要者に，必要とする水圧で所要量を供給するための施設を**配水施設**という。

解答　(4)

配水管及び給水装置

重要問題31

上水道の配水管及び給水装置に関する記述のうち，**適当でないもの**はどれか。

(1) 道路に埋設する配水管は，原則として，緑色の胴巻テープなどを使用により，識別を明らかにする。

(2) 硬質ポリ塩化ビニル管に分岐栓を取り付ける場合は，配水管折損防止のため，サドルを使用する。

(3) 水道事業者は，給水装置のうち，配水管の分岐から水道メータまでの材料，工法などについて指定できる。

(4) 水道事業者は，給水装置が水道事業者又は指定給水装置工事事業者が施工したものであることを供給条件とすることができる。

解説

(1) **道路に埋設する配水管**は，管の誤認を避けるため原則として，企業者名，布設年次，業種別名などを明示する塩化ビニル製の胴巻テープを取り付ける。**テープの色は地色が青，文字が白**で，テープ幅は 3 cmとしている。

(2) 硬質ポリ塩化ビニル管に分岐栓を取り付ける場合は，管径が25mm以下は，分岐栓，サドル付分岐栓やチーズを使用する。**管径が30mm以上は，配水管折損防止のためにサドルを使用する。**

(3) 水道事業者は，給水装置のうち，配水管の分岐から水道メータまでの材料，工法などについて**指定できる**。（水道規第36条第 1 項）

(4) 水道法に水道事業者は，給水装置が水道事業者又は指定給水装置工事事業者が施工したものであることを**供給条件とすることができる**と規定されている。（水道規第16条の 2 第 2 項）

解答　(1)

関連問題

　上水道に関する文中，□□□内に当てはまる用語の組合せとして，**適当なものはどれか。**

　給水管を不断水工法により配水支管から取り出す場合，一般に，給水管の口径が25mm以下の時にはサドル付分水栓，75mm以上のときには　A　によって取り出す。この給水管及びこれに直結する給水用具を，「水道法」上，　B　という。

	(A)	(B)
(1)	T 字管	給水設備
(2)	割 T 字管	給水装置
(3)	T 字管	給水装置
(4)	割 T 字管	給水設備

下水道方式

重要問題32

下水道に関する記述のうち，**適当でないもの**はどれか。

(1) 合流式では，大雨時に，雨水で希釈された汚水が，直接公共用水域に放流されることがある。

(2) 分流式では，降雨初期に，汚濁された路面排水が，直接公共用水域へ放流される。

(3) 排水設備のますは，排水管の長さが内径の150倍を超えない範囲内に設ける。

(4) 排水設備の雨水ますの底には，深さ15cm以上のどろためを設ける。

解説

(1) **合流式**は，同じ管きょで汚水と雨水を排水するため，大雨の際は雨水吐出し室から汚水が直接公共用水域へ放流されることがあり，水質保全上の問題がある。

(2) **分流式**は，汚水と雨水とを別々の管路系統で排除する方式で汚水のみ処理し，雨水は未処理のまま直接公共用水域へ放流される。

(3) **ます又はマンホール**は，管きょの長さがその内径又は内のり幅の**120倍を超えない範囲内**において管きょの清掃上，適当な箇所に設けると規定している。（下水令第 8 条第八号）

(4) **雨水を排除すべきます**にあっては深さ15 cm 以上のどろためを，その他のますにあってはその接続する管きょの内径又は内のり幅に応じ，インバートを設けることと規定している。（下水令第 8 条第十号）　　解答　(3)

 関連問題 1

　下水道に関する記述のうち，**適当でないもの**はどれか。

(1)　分流式は，汚水と雨水とを別々の管路系統で排除する方式である。

(2)　合流式は，初期汚濁雨水を収集・処理することが可能である。

(3)　合流式の管きょは，分流式の管きょに比べて，沈殿物の比重が大きいため，最小流速を大きくする。

(4)　合流式管きょは，分流式管きょに比べて，大口径のため，勾配が急になる。

 解説

(4)　合流式管きょは，分流式の管きょに比べて大口径の場合が多く，**勾配を緩やかにしても流量が多いので流速を増大**できる。

解答　(4)

 関連問題 2

　下水道の排水設備等に関する記述のうち，**適当でないもの**はどれか。

(1)　合流式の雨水ますは，臭気の発散を防止するため，底部にインバートを設ける。

(2)　排水管の長さがその管径の120倍を超えない範囲内にますを設ける。

(3)　原則として，公道と民有地の境界線付近には汚水ますを設置する。

(4)　宅地ますは，内径又は内法15cm以上の円形又は角形のものとする。

解説

(1)　**雨水を排除すべきますは，深さ15 cm 以上のどろため**を，その他のますは管きょの内径などに応じて<u>インバート</u>を設けるように規定されている。（下水令第8条第十号）

解答　(1)

下水道管きょ

重要問題33

下水道管きょに関する文中，　□□□　内に当てはまる用語の組合せとして，**適当なもの**はどれか。

下水道管きょは，原則として，放流管きょを除いて　A　とする。また，合流式の下水道管きょ径が変化する場合の接合方法は，原則として，　B　又は管頂接合とする。

	(A)		(B)
(1)	開きょ	──	水面接合
(2)	暗きょ	──	管底接合
(3)	暗きょ	──	水面接合
(4)	開きょ	──	管底接合

解説

下水道管きょは，下水の飛散防止や臭気の発生等の環境衛生上の観点や主に道路に埋設されることなどから，放流管きょを除き**暗きょ**とする。

管きょ径が変化する場合の接合方法は，水面接合，管頂接合，管中心接合や管底接合などがあるが，原則として水理学的に流水が円滑となる**水面接合**または**管頂接合**とする。

解答　(3)

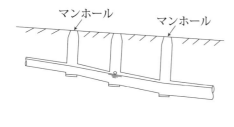

（a）水面接合

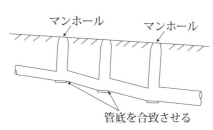

管底を合致させる

（b）管底接合

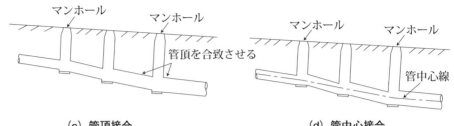

（c）管頂接合 （d）管中心接合

図　管きょの接合方法

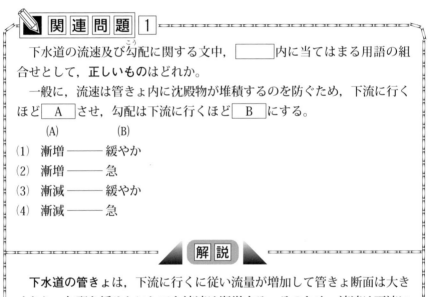

関連問題 1

下水道の流速及び勾配に関する文中，□□□内に当てはまる用語の組合せとして，**正しいもの**はどれか。

一般に，流速は管きょ内に沈殿物が堆積するのを防ぐため，下流に行くほど　A　させ，勾配は下流に行くほど　B　にする。

	(A)	(B)
(1)	漸増	緩やか
(2)	漸増	急
(3)	漸減	緩やか
(4)	漸減	急

解説

下水道の管きょは，下流に行くに従い流量が増加して管きょ断面は大きくなり，勾配を緩やかにしても流速は**漸増**する。そのため，流速は下流に行くほど**漸増**させ，勾配は下流に行くほど**緩やか**にする。

解答　(1)

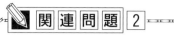

関連問題 2

　下水道に関する記述のうち，**適当でないもの**はどれか。

(1)　下水とは，生活若しくは事業（耕作の事業を除く。）に起因し，若しくは付随する廃水又は雨水をいう。

(2)　下水道の流速は，一般的に，下流に行くに従い漸増させ，勾配は下流に行くに従い緩やかにする。

(3)　下水道本管への取付管の接続は，管底接続とする。

(4)　分流式では，降雨初期において，汚濁された路面排水が雨水管きょを経て直接公共用水域に放流される。

解説

(1)　下水道法では，下水とは，「生活若しくは事業（耕作の事業を除く。）に起因し，若しくは付随する廃水（以下汚水という。）又は雨水をいう。」と定めている（下水法第2条第一号）。

(2)　下水道の流速は，一般的に，下流に行くに従い漸増させ，勾配は下流に行くに従い緩やかにする。緩やかにしても流量が増すので，流速を漸増させることができる。

(3)　**取付管**は，民有地と道路境界にあるますと本管を結ぶ管で，下水道本管への取付管の接続は，支管を用いて，**本管の中心線から上方に取り付ける。**

(4)　分流式では，降雨初期において，汚濁された路面排水が雨水管きょを経て直接公共用水域に放流される。

解答　(3)

91

給水設備

重要問題34

給水設備に関する記述のうち，**適当でないもの**はどれか。

(1) 洗面器の吐水口空間とは，付属の水栓の吐水口端とオーバフロー口(ぐち)との鉛直距離をいう。

(2) 給水管に設置するエアチャンバは，ウォータハンマ防止のために設置する。

(3) 大気圧式バキュームブレーカは，大便器洗浄弁などと組み合わせて使用される。

(4) 飲料用給水タンクの上部には，原則として，空気調和用などの用途の配管を設けない。

解説

(1) **洗面器の吐水口空間**とは，給水栓または給水管の**吐水口端とあふれ縁**との**垂直距離**をいう。また，あふれ縁とは衛生器具またはその他の水使用機器の場合はその上縁，水槽類の場合はオーバフロー口(ぐち)において，水があふれ出る部分の最下端をいう。

(2) **ウォータハンマ**とは，管路の水の流れが急変することで，大きな圧力変動を引き起こす現象で，**エアチャンバ**を設置して圧縮性の空気により緩和することができる。

(3) **大気圧式バキュームブレーカ**は，器具を使用するとき以外は圧力がかからない配管部分や水栓に設けられ，末端が開放されている大便器洗浄弁などと組み合わせて使用される。

(4) **飲料用給水タンクの上部**には，飲料水以外の機器や配管を設けることはタンクが汚染されるおそれがあるため原則として避ける。

解答 （1）

 **関連問題 1**

給水設備に関する記述のうち，**適当でないもの**はどれか。

(1) 飲料用の給水タンクのオーバーフロー管には排水トラップを設け，防虫対策を行う。

(2) ウォーターハンマを防止するには，給水管内の流速を小さくする。

(3) ホース接続水栓は，逆流汚染を防止するため，バキュームブレーカ付とする。

(4) 洗面器の吐水口空間とは，給水栓の吐水口端とその洗面器のあふれ縁との垂直距離をいう。

解説

(1) **オーバーフロー管の端部**は，**間接排水**とし，**管端開口部には防虫網**などを設け，衛生上有害なものが入らないようにする。

(2) 一般に**給水管内の流速2.0 m／s を超えない**ものとする。

(3) 大便器洗浄弁のように構造上吐水口空間が取れない場合や散水栓・ホース接続水栓など吐水口空間がとることができない場合には，逆サイホン作用による逆流を防止するため，**バキュームブレーカを設けなければ**ならない。

(4) **洗面器の吐水口空間**とは，給水栓または給水管の吐水口端とあふれ縁との垂直距離をいう。

解答 (1)

 **関連問題 2**

給水設備に関する記述のうち，**適当でないもの**はどれか。

(1) 給水管に設置するエアチャンバは，ウォーターハンマ防止のために設ける。

(2) 飲料用給水タンクには，内径60㎝以上のマンホールを設ける。

(3) 給水管への逆サイホン作用による汚染の防止は，排水口空間の確保が基本となる。

(4) 大気圧式バキュームブレーカは，大便器洗浄弁などと組み合わせて使用される。

(3) 給水管への逆サイホン作用による汚染の防止は，**吐水口空間の確保**が基本となる。吐水口空間とは，給水栓または給水管の吐水口端とあふれ縁との垂直距離をいう。

解答 (3)

給水方式

重要問題35

給水設備に関する記述のうち，**適当でないもの**はどれか。

(1) 水道直結方式は，高置タンク方式に比べて，水質汚染の可能性が高い。

(2) 高置タンク方式の揚水ポンプは，一般的に，水道直結増圧ポンプに比べて，送水量は小さくできる。

(3) 高置タンク方式で重力により給水する場合，高置タンクの高さは，最上階器具等の必要給水圧力が確保できるよう決定する。

(4) 受水タンクの上部には，原則として，飲料水以外の配管を設けてはならない。

解説

(1) **高置タンク方式の受水タンクや高置タンクは，**大気に開放されており，**水道直結方式に比べて水質汚染の可能性が高い。**

(2) 高置タンク方式のポンプ揚水量は，**時間最大予想供給水量に基づき決定**し，水道直結増圧方式のポンプ揚水量は瞬間最大予想給水量以上としている。**瞬間最大予想給水量は時間最大予想供給水量の2倍程度となるので，高置式タンク方式のポンプ揚水量の方が小さくなる。**

(3) 高置タンクの設置高さは，最高位など最悪の条件にある水栓又は器具と高置タンクの低水位面までの実高とし，**最上階器具等の必要給水圧力を確保する。**

(4) **飲料用給水タンクの上部には，**飲料水以外の機器や配管することはタンクが汚染されるおそれがあるため原則として避ける。

解答 (1)

　給水設備に関する記述のうち，**適当でないもの**はどれか。

(1)　クロスコネクションとは，飲料水配管とそれ以外の配管とが直接接続
　　されることをいう。

(2)　ウォーターハンマを防止するため，給水管にエアチャンバを設置した。

(3)　水道直結増圧方式の給水栓にかかる圧力は，水道本管の圧力に応じて
　　変化する。

(4)　水道直結増圧方式は，高置タンク方式に比べて，ポンプの吐出量が大
　　きくなる。

(1)　**クロスコネクション**とは，受水タンクや高置タンクなどへ飲料水以外
　　の配管が接続されたり，飲料水配管とそれ以外の配管とが直接接続され
　　ることをいう。

(2)　**ウォーターハンマ**は，エアチャンバやウォーターハンマ防止器を設置
　　して圧縮性の空気により緩和することができる。

(3)　**水道直結直圧方式**の給水圧力は水道本管の圧力に応じて変化するが，
　　水道直結増圧方式の給水圧力は，水道本管の圧力の影響はほとんどない。

(4)　高置タンク方式のポンプ揚水量は，時間最大予想供給水量に基づき決
　　定し，水道直結増圧方式のポンプ揚水量は瞬間最大予想給水量以上とし
　　ており，**瞬間最大予想給水量**は時間最大予想供給水量の2倍程度となる
　　ので，水道直結増圧方式のポンプ吐出量の方が大きくなる。

解答　(3)

給湯設備

重要問題36

　給湯設備に関する記述のうち，**適当でないもの**はどれか。

(1)　逃がし管は，貯湯タンクなどから単独で立ち上げ，保守用の仕切弁を設ける。

(2)　密閉式膨張タンクは，設置位置や高さの制限を受けずに設置することがで
　　きる。

(3) ヒートポンプ給湯機は，大気中の熱エネルギーを給湯の加熱に利用するものである。

(4) 中央給湯方式に設ける循環ポンプは，一般的に，貯湯タンクへの返湯管に設置する。

解説

(1) **逃がし管**は，加熱による水の膨張が装置内の圧力を異常に上昇させないために設けるものであり，**仕切弁を設けてはならない**。

(2) **密閉式膨張タンク**は，タンク内に封入された気体を圧縮して給湯配管系の膨張量を吸収するため，設置位置及び設置高さの制限を受けずに設置することができる。

(3) **ヒートポンプ給湯機**は，大気中の熱エネルギーを給湯の加熱に利用する効率の高い給湯器であり，家庭用・業務用ともに普及が進んでいる。

(4) 中央給湯方式に設ける**循環ポンプ**は，熱損失を補う分だけの循環流量でよいので，配管径の細い貯湯タンクへの返湯管に設ける。

解答 （1）

 関連問題 1

給湯設備に関する記述のうち，**適当でないもの**はどれか。

(1) 瞬間式湯沸器の能力は，それに接続する器具の必要給湯量を基準として算定する。

(2) 屋内に給湯する屋外設置のガス湯沸器は，先止め式である。

(3) 給湯配管で上向き式供給の場合，給湯管は先上がり，返湯管は先下がりとする。

(4) 中央式給湯用の循環ポンプは，一般に，貯湯タンクの出口側の給湯管に設ける。

解説

(1) 局所式の**瞬間式湯沸器の能力**は，それに接続する器具の必要給湯量を基準として算定する。

(2) **先止め式**は，ガス給湯器の出口側（給湯側）の湯栓で操作するタイプであり，屋外設置のガス湯沸器の場合は，給湯器から配管で給湯し，屋

内の湯栓の開閉によりメインバーナーの操作をする必要があり，先止め
式を使用する。

(3) **給湯配管で上向き式供給**の場合は，立て系列ごとに空気抜きを行い，
給湯管は先上がり，返湯管は先下がりとする。

(4) **中央給湯方式に設ける循環ポンプ**は，熱損失を補う分だけの循環流量
でよいので，配管径の細い貯湯タンクへの**返湯管に設ける**。

解答　(4)

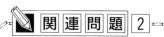 関連問題 2

給湯設備に関する記述のうち，**適当でないもの**はどれか。

(1) 湯沸室の給茶用の給湯は，使用温度が90℃程度と高いため局所式とする。

(2) 循環式給湯方式において，浴室などへの給湯温度は，一般に，使用温
度より高めの55～60℃とする。

(3) 逃がし管は，貯湯タンクなどから単独で立ち上げ，保守用の止水弁を
設けてはならない。

(4) シャワーに用いるガス瞬間湯沸器は，一般に，元止め式とする。

 解 説

(1) **局所式**は，湯を使用する箇所ごとに加熱装置を設置して給湯する方式
である。給茶用の給湯は，使用温度が90℃程度と高いため局所式で給湯
される。

(2) **循環式給湯方式**において，浴室などへの**給湯温度**は，給湯水中の一般
細菌，レジオネラ属菌等の繁殖の抑制や殺菌するために原則60℃以上と
し，ピーク負荷時においても55℃以上を維持できるようにする。

(3) **逃がし管**は，加熱による水の膨張が装置内の圧力を異常に上昇させな
いために設けるものであり，逃し管には止水弁を設けてはならない。

(4) **ガス瞬間湯沸器は元止め式と先止め式がある**。シャワーの場合は，給
湯器から配管を用いて給湯し混合栓の開閉によりメインバーナーを点火
させる必要があり，**先止め式を使用する**。

解答　(4)

✎ 関連問題 3

給湯設備に関する記述のうち，**適当でないもの**はどれか。

(1) 循環式の給湯温度は，レジオネラ属菌の繁殖を抑制するため，40℃程度とする。

(2) 密閉式膨張タンクは，設置位置及び高さの制限を受けない。

(3) ガス瞬間湯沸器の能力は，一般に，号数で呼ばれ，水温の上昇温度を25℃とした場合の出湯流量1 L/min を1号としている。

(4) 循環ポンプは，湯を循環させることにより配管内の湯の温度低下を防止するために設ける。

◤ 解説 ◢

(1) **循環式給湯方式**において，**浴室などへの給湯温度**は，給湯水中の<u>一般細菌，レジオネラ属菌等の繁殖の抑制や殺菌するため原則60℃以上</u>とし，ピーク負荷時においても55℃以上を維持できるようにする。

(2) **密閉式膨張タンク**は，タンク内に封入された気体を圧縮して給湯配管系の膨張量を吸収するため，設置位置及び設置高さの制限を受けずに設置することができる。

(3) **ガス瞬間湯沸器の能力**は，一般には水温の上昇温度を25℃とした場合の出湯流量1 L/min を1号と規定している。

(4) **中央式の給湯設備**では，設定した給湯温度を保持する目的で循環ポンプと返湯管を設ける。循環流量は，熱損失を補う量でよい。

解答 (1)

排水・通気

排水設備

重要問題37

　排水設備に関する記述のうち，**適当でないもの**はどれか。

(1) 排水管を地中に埋設する場合の最小管径は，50mm以上が望ましい。

(2) 排水立て管の最下部又はその付近には，掃除口を設ける。

(3) 手洗い器を接続する排水横枝管の最小管径は，25mmとする。

(4) 排水管の管径決定法には，器具排水負荷単位法と定常流量法がある。

解説

(1) **排水管の最小管径**は，30mmとするが，地中に埋設する場合や地階の床下に設ける場合の最小管径は，50mm以上が望ましい。

(2) **掃除口**は，下記の箇所や特に必要と思われる箇所に設ける。

　① 排水横枝管及び排水横主管の起点

　② 延長が長い横走り管の途中

　③ 排水管が45°を超える角度で方向を変える箇所

　④ **排水立て管の最下部又はその付近**

　⑤ 排水立て管の最上部及び排水立て管の途中

　⑥ 排水横主管と敷地排水管の接続箇所に近い所

(3), (4) 排水管の管径決定法には，**器具排水負荷単位法と定常流量法**があり，いずれの場合も排水管の最小管径は30mmとしている。

解答　(3)

関連問題 1

排水設備に関する記述のうち, **適当でないもの**はどれか。

(1) 排水管の管径決定法として, 器具排水負荷単位法がある。

(2) 大便器を接続する排水横枝管の管径を50mmとした。

(3) 雑排水用水中モータポンプの口径を50mmとした。

(4) 業務用 厨 房の排水系統には, グリース阻集器を設ける。

解説

(1) **器具排水負荷単位法**は, 器具排水負荷単位と勾配を基準として排水管の管径を決める方法である。

(2) 大便器のトラップ口径は75mmであり, 器具排水管径は75mmとする。そのため排水横枝管径は, 75mm以上にしなければならない。

(3) **雑排水用水中モータポンプ**は, 排水に小さな固形物が混ざっている水を排出するポンプであり, ポンプ口径は50mm以上とし, ポンプ口径50mmで20mmの球型固形物が通過できるものとする。

(4) **業務用 厨 房の排水系統**には, グリース阻集器を設けて排水中に含まれる脂肪分を阻集器の中で冷却凝固させて除去し, 排水管を詰まらせるのを防止する。

解答 (2)

関連問題 2

建築物の排水に関する記述のうち, **適当でないもの**はどれか。

(1) 排水は, 汚水, 雑排水, 雨水などに分類される。

(2) 大小便器及びこれと類似の用途をもつ器具から排出される排水を汚水という。

(3) 厨房排水は, 建物内の排水管を閉塞させやすい。

(4) 雨水は, 建物内で雑排水系統と合流させてもよい。

解説

(1) **排水**は, 器具の使用用途, 水質, 処理の有無及び発生箇所などによって, 汚水, 雑排水, 雨水及び特殊排水などに分類される。

(2) **汚水**は，大小便器及びこれと類似の用途をもつ器具（汚物流し・ビデなど）から排出される水をいう。

(3) **厨房排水**は，油脂類などの濃度が高く，建物内の排水管や下水道管を閉塞させやすいので，グリース阻集器を設ける。

(4) **雨水**は，一般排水系統と同一にすると，器具トラップの封水の保持に悪影響を及ぼすおそれがあり，<u>合流排水方式であっても**屋外**で**合流**させること</u>。

解答　(4)

排水トラップ

重要問題38

排水トラップに関する記述のうち，**適当でない**ものはどれか。

(1) トラップは，サイホン式と非サイホン式に大別される。

(2) ドラムトラップは，サイホン式トラップである。

(3) 阻集器にはトラップ機能をあわせ持つものが多いので，器具トラップを設けると，二重トラップになるおそれがある。

(4) トラップますは，臭気が逆流しない構造とする。

解説

(1),(2)トラップの種類を分類すると，**サイホン式と非サイホン式に大別**される。

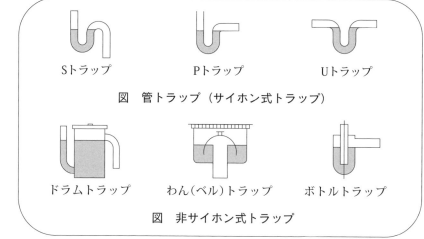

Sトラップ　　　Pトラップ　　　Uトラップ

図　管トラップ（サイホン式トラップ）

ドラムトラップ　　わん（ベル）トラップ　　ボトルトラップ

図　非サイホン式トラップ

101

(3) **阻集器**は，構造上，トラップ機能をあわせ持っているので，器具トラップを設けると，二重トラップになるおそれがあり，衛生器具からの排水管を間接排水とするなどの措置を講じる必要がある。

(4) **トラップます**は，雨水排水管を汚水排水管に接続するときに使用し，ます内にトラップを作ることで汚水・雑排水の臭いが雨水ますや側溝から漏れないようにしている。

解答 (2)

関連問題 1

排水設備に関する記述のうち，**適当でないもの**はどれか。
(1) 間接排水とする水受け容器には，トラップを設けない。
(2) ドラムトラップは，非サイホン式のトラップである。
(3) 排水横主管の管径は，これに接続する排水立て管の管径以上とする。
(4) サイホン式のトラップは，封水が少なく，非サイホン式のトラップに比較して封水が破れやすい。

解説

(1) **間接排水する水受け容器**には，排水管内の臭気や害虫等が水受け容器から室内に侵入してくるのを防止するために，必ず<u>トラップ</u>を設けなければならない。

(2) **非サイホン式トラップ**は，水封部の形がドラム状かベル状になったものであり，ドラムトラップ，わんトラップとボトルトラップがある。

(3) **排水横主管**とは，排水立て管または排水横枝管や器具排水管からの排水と機器からの排水をまとめて敷地排水管に導く管である。**排水立て管の管径と同じにするかそれ以上とする。**

(4) **サイホン式のトラップ**は，非サイホン式に比べてトラップの水封部に少量の水しか保有できないので**封水が破れやすい**。

解答 (1)

関連問題 2

排水・通気に関する記述のうち，**適当でないもの**はどれか。

(1)　ドラムトラップは，水封部に多量の水を保有する。

(2)　Pトラップは，Sトラップより水封が破られやすい。

(3)　阻集器にはトラップ機能をあわせ持つものが多いので，器具トラップを設けると，二重トラップになるおそれがある。

(4)　間接排水の水受け容器には，トラップを備える。

(2)　サイホン式のトラップとは，トラップ自身の管を曲げて作った形状のもので，Sトラップ，PトラップとUトラップがある。Sトラップはトラップのあふれ面直後で管が下向きになっているので，Pトラップに比べ排水が器具排水管を満水状態で流れると**自己サイホン作用により水封が破られやすい**。

解答　(2)

排水・通気設備の方式

重要問題39

排水・通気設備に関する記述のうち，**適当でないもの**はどれか。

(1)　伸頂通気方式は，通気立て管を設けず，排水立て管上部を延長し通気管として使用するものである。

(2)　ループ通気方式は，各個通気方式に比べて機能上優れている。

(3)　ループ通気管は，通気立て管又は伸頂通気管に接続するか，あるいは大気に開放する。

(4)　最上階を除き，大便器8個以上を受け持つ排水横枝管には，ループ通気管を設けるほかに，逃し通気管を設ける。

解説

(1)　**伸頂通気方式**は，伸頂通気管と通気管の役割もする排水立て管で構成されている。長い横枝管が少なく，各室の器具が単独に排水立て管に接続できる

ような場合に適する。

(2) **各個通気方式**は，各器具の排水管からそれぞれ通気管を立ち上げるものであり，誘導サイホン作用や自己サイホン作用の防止に有効で，機能上**最も優れた通気方式**である。

(3) **ループ通気管**は，排水横枝管の最上流の器具排水管接続点の下流直後より通気管を立ち上げて通気立て管または伸頂通気管に接続するか，大気に直接開放する。

(4) 平屋建て及び最上階を除く，すべての階の大便器など8個以上を受け持つ**排水横枝管**には，ループ通気管を設けるほかに，最下流の器具排水管が接続された直後の排水横枝管の下流側に，逃し通気管を設ける。

解答 (2)

関連問題 1

排水・通気設備に関する記述のうち，**適当でないもの**はどれか。

(1) ループ通気管は，最上流の器具排水管が排水横枝管に接続した点のすぐ上流から立ち上げた。

(2) 伸頂通気方式は，排水立て管を湿り通気管として利用した方式である。

(3) 各個通気方式は，通気方式のうちで最も完全な機能が期待できる方式である。

(4) 通気立て管の下部は，最低位の排水横枝管より下部で排水立て管に接続した。

解説

(1) **ループ通気管**は，最上流の器具排水管が排水横枝管に接続した点の**すぐ下流**から立ち上げて，通気立て管か伸頂通気管に接続するか大気に直接開放する。

(4) 通気立て管の下部は，管径を縮小せずに最低位の排水横枝管より**下流位置で排水立て管に接続**するか，排水横主管に接続する。最低位の排水横枝管系統のトラップの封水を保護するために行う。

解答 (1)

排水・通気設備に関する記述のうち，**適当でないもの**はどれか。

(1) 各個通気方式は，自己サイホン作用の防止に有効である。

(2) 通気立て管の下部は，最低位の排水横枝管より下部で排水立て管に接続するか，又は排水横主管に接続する。

(3) 各個通気管は，器具のトラップ下流側の排水管より取り出す。

(4) 排水立て管の管径は，下階になるに従い排水負荷に応じて大きくする。

◀◀◀ 解説 ▶▶▶

(3) **各個通気管**は，1個の器具トラップを通気するため，トラップの下流より取り出し，その器具よりも上方で通気系統に接続するか，または大気中に開口するように設ける。トラップの上流側より取り出すと，排水トラップの封水が保護されない。

(4) **排水立て管**は，どの階においても，最下部の最も大きな排水負荷を負担する部分の管径と，**同一管径**でなければならない。

解答 (4)

排水・通気設備全般

重要問題40

排水・通気に関する記述のうち，**適当でないもの**はどれか。

(1) 間接排水を受ける水受け容器として，手洗い器，洗面器を利用してはならない。

(2) 通気管の主な目的は，排水トラップの封水が破れないようにすることである。

(3) 通気管は，管内の水滴が自然流下によって排水管に流れるように勾配をとる。

(4) ループ通気管は，床下で横引きし，床下で直接通気立て管に接続する。

解説

(1) 間接排水を受ける**水受け容器**は，接近できるところに設け，かつトラップを設ける。水受け容器として，手洗い器・洗面器や調理器具などを利用してはならない。

(2)　**通気管を設ける目的**は，排水トラップの水封部に加わる排水管内の圧力と大気圧との差によって，排水トラップの封水が破れないように排水管内の圧力を緩和することである。

(3)　すべての**通気管**は，管内の水滴が自然流下によって排水管に流れるように，勾配をとり排水管に接続する。

(4)　**横走りする通気管**は，原則としてその階における最高位の器具のあふれ縁より150mm以上上方で施工する。やむを得ずそれ以下の高さで横走りさせる場合でも，他の通気枝管あるいは，通気立て管に接続する高さは，上記の高さ以上で施工する。

解答　(4)

 関連問題 1

排水・通気設備に関する記述のうち，**適当でないもの**はどれか。

(1)　排水立て管内では水に接した空気が誘引されて降下し，立て管下部は正圧，立て管上部は負圧となる。

(2)　ループ通気管は，床下で横引きし，床下で直接通気立て管に接続する。

(3)　排水管に設ける通気管の最小管径は，30mmとする。

(4)　阻集器にはトラップ機能をあわせ持つものが多いので，器具トラップを設けると，二重トラップになるおそれがある。

 解説

(1)　排水立て管内では流下する排水は，排水横枝管との接続部で満水になって下降したり，空気を伴って流下するので，排水立て管の圧力は，上部が負圧で下部には正圧となる。そのため上部に空気を補給する伸頂通気管と下部に正圧を緩和する通気立て管が必要となる。

(2)　**横走りする通気管**は，原則として，その階における最高位の器具のあふれ縁より150 mm以上上方で横走りさせる。やむを得ずそれ以下の高さで横走りさせる場合でも，他の通気枝管または通気立て管に接続する高さは150 mm以上とする。

(3)　通気管の管径決定法には，器具排水負荷単位法と定常流量法とがあり，ともに**通気管の最小径は30mm**としている。

(4)　阻集器は，構造上，一般にトラップを有している。また，衛生器具に

は，各個に排水トラップを設けることが原則である。衛生器具からの排水を阻集器に流入させる場合，配管を用いて接続すると，二重トラップになる恐れがあり，衛生器具からの排水管を間接排水とするなどの措置を講ずる必要がある。

解答　(2)

関連問題 2

排水・通気設備に関する記述のうち，**適当でないもの**はどれか。
(1) 管径が65mm以下の排水横枝管の最小勾配は，1／100とする。
(2) 排水横主管の管径は，これに接続する排水立て管の管径以上とする。
(3) ループ通気管の最小管径は，30mmとする。
(4) 屋外埋設排水管の勾配が著しく変化する箇所には，排水ますを設ける。

解説

(1) **排水横枝管の最小勾配**は，管径が**65mm以下は1／50**，75mmと100mmは1／100，125mmは1／150とし，150mm以上は1／200と規定されている。
(2) 排水横主管は，排水横枝管から排水たて管へ排水を導く管，ならびに排水立て管または排水横枝管，器具排水管からの排水及び機器からの排水をまとめて敷地排水管へ導く管である。排水横主管の管径は，これに接続する排水立て管または排水横枝管の中で**最大管径以上**とする。
(4) 屋外埋設排水管の勾配が著しく変化する箇所には，**排水ます**を設けて流速を調整する。

解答　(1)

消火設備

屋内消火栓設備

重要問題41

屋内消火栓設備に関する記述のうち，**適当でない**ものはどれか。

(1) 屋内消火栓設備には，非常電源を設ける。

(2) 屋内消火栓箱の上部には，設置の標示のために赤色の灯火を設ける。

(3) 広範囲型を除く2号消火栓は，防火対象物の階ごとに，その階の各部分からの水平距離が25m以下となるように設置する。

(4) 屋内消火栓の開閉弁は，自動式のものでない場合，床面からの高さが1.5m以下の位置に設置する。

解説

(1) 「**屋内消火栓設備には，非常用電源を附置すること。**」と規定されており，容量は，屋内消火栓設備を有効に30分間以上作動できるものとする。（消防令第11条第3項第一号）

(2) **2号消火栓**は「屋内消火栓箱の上部に，取付け面と15度以上となる角度の方向に沿って10m離れたところから容易に識別できる**赤色の灯火を設けること。**」と規定されている。（消防則第12条第1項第三号）

(3) 「**屋内消火栓**は，防火対象物の階ごとに，その階の各部分からホース接続口までの**水平距離が15m以下**になるように設けること。」と規定されている。なお広範囲型2号消火栓について**水平距離が25m以下**と規定されている。（消防令第11条第3項第二号）

(4) 1号消火栓と2号消火栓は「**屋内消火栓の開閉弁**は床面からの高さが1.5m以下の位置に設けること。ただし天井に設ける場合の開閉弁は，自動式のものとする。」ように規定されている。（消防則第12条第1項第一号）

解答 （3）

関連問題

屋内消火栓設備に関する記述のうち，**適当でないもの**はどれか。

(1) 加圧送水装置は，屋内消火栓箱の内部又はその直近の箇所に設けられた操作部から遠隔操作によって停止できるようにする。

(2) 屋内消火栓箱の上部には，設置の標示のために赤色の灯火を設ける。

(3) 「1号消火栓」の開閉弁は，床面からの高さが1.5 m以下の位置に設ける。

(4) 「1号消火栓」は，防火対象物の階ごとに，その階の各部からの水平距離が25 m以下となるように設置する。

(1) 「加圧送水装置は，<u>直接操作によってのみ停止</u>されるものであること。」と規定され，停止用押しボタンは，加圧送水装置の近くに設け，直接操作で停止できる構造にしなければならない。（消防令第12条第1項第七号）

(4) 「1号消火栓」は，防火対象物の階ごとに，その階の各部分からホース接続口までの水平距離が**25 m以下**となるように設けること。（消防令第11条第3項第一号）

解答 (1)

屋内消火栓のポンプ

重要問題42

屋内消火栓設備のポンプの仕様を決定する上で，**関係のないもの**はどれか。

(1) 屋内消火栓の設置個数

(2) 配管の摩擦損失水頭

(3) 水源の容量

(4) ノズルの放水圧力換算水頭

解説

屋内消火栓設備のポンプの定格吐出量 Q は，同時開口数 N（**屋内消火栓の**

設置個数が最も多い階の個数で最大 2 とする）に 1 号消火栓は150 L/min，2 号消火栓は70 L/min を乗じた吐出量以上とする。

また，ポンプの定格全揚程 H［m］は次による。

$$H = h_1 + h_2 + h_3 + h_4$$

h_1 は**配管の摩擦損失水頭**

h_2 は実揚程（吸込み実揚程と吐出し実揚程）

h_3 は**ノズルの放水圧力換算水頭**

h_4 は消防用ホースの摩擦損失水頭

屋内消火栓設備のポンプの仕様を決定するうえで，配管の摩擦損失水頭，実揚程，ノズルの放水圧力換算水頭，消防用ホースの摩擦損失水頭は関係するが**水源の容量は，関係しない。**

解答 （3）

 関連問題

　屋内消火栓ポンプまわりの配管に関する記述のうち，**適当でないもの**はどれか。

(1) 吸水管は，ポンプごとに専用とする。

(2) 吸水管には，機能の低下を防止するためにろ過装置を設ける。

(3) 水源の水位がポンプより低い位置にあるものにあっては，吸水管に止水弁を設ける。

(4) ポンプ吐出側直近部分の配管には，逆止弁及び止水弁を設ける。

 解説

(1) 「吸水管はポンプごとに**専用**とすること。」と規定されている。（消防令第12条第 1 項第 6 号ハ（イ））

(2)，(3) 「吸水管には，**ろ過装置を設ける**とともに，水源の水位がポンプより**低い位置にあるものにあっては**フート弁をその他のものには止水弁を設けること。」と規定されている。（消防令第12条第 1 項第 6 号ハ（ロ））

(4) 「加圧送水装置の吐出側直近部の配管には，**逆止弁及び止水弁**を設けること。」と規定されている。（消防令第12条第 1 項第 6 号ロ）

解答 （3）

ガス設備全般

重要問題43

ガス設備に関する記述のうち，**適当でないもの**はどれか。

⑴　「ガス事業法」では，ガスの供給圧力が0.1 MPa 未満を低圧としている。

⑵　液化石油ガス（LPG）のバルク供給方式は，一般に，工場や集合住宅などに用いられる。

⑶　液化石油ガス（LPG）は，比重が空気より小さいため空気中に漏洩すると拡散しやすい。

⑷　「ガス事業法」による特定ガス用品の基準に適合している器具には，PS マークが表示されている。

解説

⑴　高圧とはガスの供給圧力が，1 MPa 以上。中圧とは0.1 MPa 以上1 MPa 未満。**低圧とは0.1 MPa 未満**をいう。（ガス則第1条第2項）

⑵　**バルク供給方式とは**，設置されたバルク貯蔵にバルクローリー車で直接 LP ガスを充てんする方式であり，従来は工場などへの大規模な供給方式として活用していたが，「液化石油ガス法」の改正で，一般住宅，集合住宅や業務用住宅などにも活用できるようになった。

⑶　液化石油ガス（LPG）は，プロパンやブタンなどを主成分とするガスであり，**空気の比重より重く，漏れると低い場所に滞留しやすい**。

⑷　「特定ガス用品は経済産業大臣の登録を受けた検査機関による**適合性検査**を受ける必要がある。」と規定されていて，適合性検査に適合していることが認定された特定ガス用品には PS マークが表示される。（ガス法第39条の11第1項）

解答　⑶

関連問題 1

ガス設備に関する記述のうち，**適当でないもの**はどれか。

(1) 液化石油ガス（LPG）の充てん容器は，常に40℃以下に保たれる場所に設置する。

(2) 液化石油ガス（LPG）は，本来，無臭・無色のガスであるが，漏れたガスを感知できるように臭いをつけている。

(3) 家庭用の都市ガス用マイコンメーターは，災害の発生のおそれのある大きさの地震動を検知した場合に，ガスを遮断する機能を有するものである。

(4) 液化天然ガス（LNG）を主体とした都市ガスのガス漏れ警報器の検知部の高さは，床面から30cm以内とする。

解説

(1) 液化石油ガス（LPG）は，「充てん容器等は，常に**40℃以下に保つこと**。」と規定されている。（液ガス則第18条）

(2) 「工業用無臭製品以外の液化石油ガスにあっては，空気中の混入比率が容量で1000分の1である場合において感知できるような**臭いがするものを容器に充填すること**。」と規定されている。（液化石油ガス保安規則第6条）

(3) 「**ガスメーター**は，ガスが流入している状態において，災害の発生の恐れのある大きさの地震動，過大なガスの流量又は異常なガス圧力の低下を検知した場合に，ガスを速やかに**遮断する機能**を有するものでなければならない。」と規定されている。（ガス工作物の技術上の基準を定める省令第50条）

(4) 「**液化天然ガス（LNG）**は，メタンを主成分とした空気より軽いガスであり，都市ガスのガス漏れ警報器の検知部は，ガス機器から水平距離で8m以内で，かつ，天井面から0.3m以内に設置しなければならない。」と規定されている。（昭和56年通産省告示第263号）

解答 （4）

✏️ 関連問題 2

　ガス漏れ警報器に関する文中，□□□内に当てはまる数値及び語句の組合せとして，**適当なもの**はどれか。

　液化天然ガスのガス漏れ警報器の検知部は，ガス器具から水平距離が A m以内で，かつ， B から30cm以内の位置に設置しなければならない。

　　　　(A)　　　　　(B)
(1)　4 ——— 床面
(2)　8 ——— 床面
(3)　4 ——— 天井面
(4)　8 ——— 天井面

◢ 解説 ◣

　「**液化天然ガス（LNG）**は，メタンを主成分とした空気より軽いガスであり，ガス漏れ警報器の検知部は，ガス機器から**水平距離で8m以内**で，かつ，**天井面から0.3m以内**に設置しなければならない。」と規定されている。（昭和56年通産省告示第263号）

解答　(4)

液化石油ガス設備

重要問題44

　液化石油ガス（LPG）設備に関する記述のうち，**適当でないもの**はどれか。
(1)　液化石油ガスの一般家庭向け供給方式には，戸別供給方式と集団供給方式がある。
(2)　液化石油ガスのバルク供給方式は，工場や集合住宅などに用いられる。
(3)　液化石油ガス用のガス漏れ警報器の取り付け高さは，床面から30cm以内としなければならない。
(4)　液化石油ガスの代表的な充填容器には，30kg及び60kgの容器がある。

解説

(1) 液化石油ガス（LPG）の**一般家庭向け供給方式**には，おおむね戸別供給方式と小規模集団供給方式がある。家庭向け以外に中規模集団供給方式，業務供給方式やバルク供給方式などがある。

(2) **バルク供給方式**は，従来から工場などへの大規模なLPガスの供給方式として用いられてきたが，「液化石油ガス法」の改正により，一般住宅，集合住宅，業務用住宅などに対する供給手段として利用できるようになった。

(3) 「**液化石油ガス（LPG）**は，プロパンを主成分とした空気より重いガスであり，ガス漏れ警報器の検知部は，ガス機器から**水平距離で4m以内で，か**つ，**床面から0.3m以内**に設置しなければならない。」と規定されている。（平成9年通産省告示123号）

(4) 代表的なLPG充填容器には，<u>10kg型容器，20kg型容器及び50kg型容器</u>がある。

解答 （4）

関連問題

ガス設備に関する記述のうち，**適当でないもの**はどれか。

(1) 液化石油ガス（LPG）は，調整器により3.3〜2.3KPaに減圧されて供給される。

(2) 液化石油ガス（LPG）用のガス漏れ警報器の有効期間は，8年である。

(3) 液化石油ガス（LPG）のバルク供給方式は，一般に，工場などに用いられる。

(4) 液化石油ガス（LPG）は，空気より重い。

解説

(1) LPGの容器内のガスの圧力は0.4〜1.2MPaである。生活の用に供する燃焼器の入口の必要圧力は2.0KPaであり，圧力調整器の出口圧力を2.3〜3.3KPaに調整している。

(2) LPGのガス漏れ警報器は，高圧ガス保安協会で検定され，合格した製品には検査合格証が貼付され，**有効期間は5年**である。

(4) 液化石油ガス（LPG）は，プロパンやブタンを主成分とするガスであ

り，空気の比重より重く，漏れると低い位置に滞留しやすい。

解答 (2)

浄化槽の処理対象人員の算定

重要問題45

浄化槽の処理対象人員の算定において，**延べ面積を基準としない建築用途**はどれか。

(1) 寄宿舎
(2) ホテル
(3) 病院
(4) 事務所

解説

浄化槽の処理対象人員の算定方式は，告知により JIS A 3302「建築物の用途別による屎尿浄化槽の処理算定人員の算定基準」に定めるところによる。

(1) 下宿，**寄宿舎**は，延べ面積に定数を乗じて算出する。
(2) **ホテル**，旅館は，延べ面積に定数を乗じて算出する。
(3) **病院**，診療所，伝染病院は，<u>ベッド数</u>に定数を乗じて算出する。
(4) **事務所**は，延べ面積に定数を乗じて算出する。

表　建築物の用途別による屎尿浄化槽の処理対象人員算定基準

算定基準	建築用途							
延べ面積	公会堂	集会場	劇場	映画館	演芸場	観覧場	体育館	
	住宅	共同住宅	下宿	寄宿舎	ホテル	旅館	診療所	医院
	飲食店	図書館	事務所					
総便器数	競輪場	競馬場	競艇場	公衆便所				
ベット数	病院	療養所	伝染病院					
定員	学校寄宿舎	老人ホーム	養護施設	自衛隊キャンプ宿舎	簡易宿泊所	合宿所	ユースホステル	青年の家
	保育所	幼稚園	小学校	中学校	高等学校	大学	各種学校	
	工場	作業所	研究所	試験所				

116

関 連 問 題 1

「建築物の用途別による屎尿浄化槽の処理対象人員算定基準（JIS A 3302）」において，処理対象人員の算定式に延べ面積が用いられている建築用途に**該当しない**ものはどれか。

(1)　映画館

(2)　旅館

(3)　事務所

(4)　保育所

解 説

(1)　公会堂，集会場，劇場，**映画館**，演芸場は，延べ面積に定数を乗じて算出する。

(2)　ホテル，**旅館**は延べ面積と定数を乗じて算出する。

(3)　**事務所**は延べ面積に定数を乗じて算出する。

(4)　**保育所**，幼稚園，小学校，中学校は，**定員**に定数を乗じて算出する。

解答　(4)

 関 連 問 題 2

JIS に規定する「建築物の用途別による屎尿浄化槽の処理対象人員算定基準」において，処理対象人員の算定式に**延べ面積が用いられていない建築用途**はどれか。

(1)　集会場

(2)　公衆便所

(3)　事務所

(4)　共同住宅

解 説

(2)　**公衆便所**は，**総便器数**に定数を乗じて算定する。

解答　(2)

第6節
浄化槽

浄化槽全般

重要問題46

浄化槽に関する記述のうち，**適当でないもの**はどれか。

(1) 放流水に病原菌が含まれないようにするため，放流前に塩素消毒を行う。

(2) 浄化槽の構造方式を定める告示に示された処理対象人員が50人以下の処理方式には，散水ろ床方式などがある。

(3) 生物処理法の一つである嫌気性処理法では，有機物がメタンガスや二酸化炭素などに変化する。

(4) 飲食店の浄化槽で，油脂類濃度が高い排水が流入する場合は，油脂分離槽などを設けて前処理を行う。

解説

(1) 浄化槽における汚水処理の工程には，前処理，一次処理，二次処理，消毒がある。最終工程の消毒は，処理排水中の病原菌の感染力をなくすために，**塩素の注入又は塩素化合物との接触**によって病原菌を死滅させるものである。

(2) 告示により，**処理対象人員50人以下の合併処理浄化槽の処理方式**には，分離接触ばっ気方式，嫌気ろ床接触ばっ気方式と脱窒ろ床接触ばっ気方式がある。なお散水ろ床方式は，**処理対象人員501人以上の合併処理浄化槽の処理方式**である。（昭和55年建設省告示第1292号）

(3) 生物処理法には2通りの方法があり，**好気性処理法**は，二酸化炭素と水に，また**嫌気性処理法**ではメタンガスや二酸化炭素に分解される。

(4) 旅館，ホテル，中華料理店などの浄化槽で，調理による油脂類濃度が高い排水が流入する場合，前処理として**油脂分離槽又は油脂分離装置**を設ける必要がある。

解答 (2)

関連問題

浄化槽の構造方法を定める告知に示された処理対象人員が30人以下の分離接触ばっ気方式のフローシート中，□□□内に当てはまる槽の名称の組合せとして，**適当なもの**はどれか。

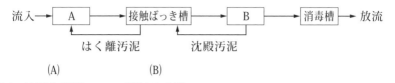

(A)   (B)

(1) 沈殿分離槽 ——— 嫌気ろ床槽

(2) 沈殿分離槽 ——— 沈殿槽

(3) 沈殿槽 ————— 沈殿分離槽

(4) 嫌気ろ床槽 ——— 沈殿分離槽

> ▶ 解 説 ◀

　告示により「分離接触ばっ気方式は，**沈殿分離槽**，接触ばっ気槽，**沈殿槽及び消毒槽**をこの順に組み合わせた構造で処理対象人員が50人以下のもの。」と規定されている。（昭和55年建設省告示第1292号）

解答　(2)

工場生産浄化槽の施工

重要問題47

　工場生産浄化槽の施工に関する記述のうち，**適当でないもの**はどれか。

(1) 槽本体の開口部からのかさ上げ高さを30cmとして，かさ上げ工事を行った。

(2) 掘削深さは，本体底部までの寸法に，基礎工事に要する寸法を加え決定する。

(3) 本体が2層に分かれていたが，基礎コンクリートは一体として打設した。

(4) 漏水検査は，槽を満水して，12時間以上漏水しないことを確認する。

解説

(1) **かさ上げ高さ**は，設置後の保守点検，清掃のし易さを考慮して，**30 cm 以内**にしなければならない。

(2) **掘削深さ**は，地表面より本体底部までの寸法に，基礎工事の砂利地業の厚さ10 cm，均しコンクリート5 cm，基礎コンクリート10 cm 以上を加えて決定する。

(3) **浄化槽が2槽以上に分かれている場合**，基礎コンクリートが一体でないと

段差ができる可能性があり，**一体として打設する**。

(4)　**浄化槽の漏水検査は，槽を満水して，24時間以上各単位装置内の水位に変化が生じないかチェックして漏水の有無を確認する**。

解答　(4)

 **関連問題**

　工場生産浄化槽の施工に関する記述のうち，**適当でないもの**はどれか。
(1)　地下水位による槽の浮上防止対策として，槽の周辺に山砂を入れ，突き固めて水締めを行う。
(2)　本体の水平調整はライナーなどで行い，槽と底版コンクリートの隙間が大きいときは，隙間にモルタルを充てんする。
(3)　埋戻しは，土圧による本体及び内部設備の変形を防止するため，槽に水張りした状態で行う。
(4)　底版コンクリートは，打設後，所要の強度が確認できるまで養生する。

 解説

(1)　**地下水位による槽の浮上防止対策は，浮上防止金具や本体固定金具とフラットバーなどをバンドにより固定して行う**。槽の周囲に山砂を入れ，突き固めて水で締める工程は，上部スラブコンクリート工事に先立って行うもので，地盤を安定させるために行う工事である。
(2)　**槽の据付けは，本体の水平を出し，流入管と流出管のレベルを確かめる**。本体の水平が上手く取れない場合は，**ライナーなどを槽の下に入れて調整する**。槽と底版コンクリートの隙間が大きいときは，隙間にモルタルを充てんするなどの処置が必要である。
(3)　埋戻しは，水張り試験を行い漏水の無いことを確かめたのち，**水張りをした状態で，本体がずれたり水平が狂わないように均等に埋戻す**。
(4)　**基礎コンクリートは，打込みが終わってから硬化が十分進むまでの間，急激な乾燥や振動などを受けないように養生する**。

解答　(1)

第6章
設備に関する知識

設備機器

重要問題48

設備機器に関する記述のうち，**適当でないもの**はどれか。

(1) 吸収冷凍機は，冷媒として臭化リチウムを使用している。

(2) 冷却塔による冷却水の温度は，入口空気の湿球温度までしか下げられない。

(3) 軸流送風機は，構造的に小形で低圧力，大風量に適した送風機である。

(4) 渦巻ポンプの実用範囲における揚程は，吐出し量の増加とともに低くなる。

解説

(1) **吸収冷凍機**は，**冷媒として水**を使用し，**吸収液として臭化リチウム水溶液**が使用されている。

(2) 冷却塔は冷却水の一部を蒸発させることにより冷却水の温度を下げるため，理論的には**冷却塔の出口水温**は，入口空気の湿球温度までしか下げることができない。

(3) 建築設備に使用される**軸流送風機**は，低圧力・大風量に適した送風機で，構造的に高速回転が可能なため全体的に形状が小さくなる。

(4) **揚程曲線**とはポンプの吐出し量に対する全揚程の変化を示したものである。渦巻ポンプは吐出し量が 0 のときの全揚程が最大で，揚程曲線は吐出し量の増大に伴い低くなる右下がりの曲線となる。

解答　(1)

関連問題

設備機器に関する記述のうち，**適当でないもの**はどれか。

(1) 吸収冷温水機の吸収溶液には，臭化リチウム水溶液が用いられている。

(2) 冷却塔は，冷却水の蒸発潜熱により冷却水の水温を下げる装置である。

(3) 多翼送風機は，構造上高速回転に適しているため，高い圧力を出すことができる。

(4) ろ過式の粗じん用エアフィルターの構造は，パネル型が主体となっている。

▶◀ 解説 ▶◀

(2) **冷却塔**は，冷凍機の凝縮器に使用する冷却水を冷却するものであり，冷却水の一部を蒸発させてその蒸発潜熱により冷却水の温度を下げる装置である。

(3) **多翼送風機**は，羽根の高さが低く幅の広い前向きの羽根で，高速回転に適さないので高い圧力を出すことはできない。

(4) ろ過式の**粗じんエアフィルターの構造**は，主にパネル型でガラス繊維や金属ウールなどのろ材をアルミニウムなどの枠に充てんし，押さえ金物で支えた平型のものである。

解答　(3)

制御と監視の機器

重要問題49

設備系の制御や監視に用いられる機器と制御対象の組合せのうち，**適当でないもの**はどれか。

　　　（機器）　　　　　　　　　　（制御対象）
(1)　サーモスタット ———— 室内の湿度制御
(2)　電極棒 ———————— 受水タンクの水位監視（制御）
(3)　電動二方弁 ————— 冷温水の流量制御
(4)　レベルスイッチ ———— 汚物用水中モーターポンプの運転制御

解説

(1) **サーモスタット**は，室温を検出して温度を制御するのに，また**ヒューミディスタット**は室内の**湿度を検出して湿度を制御する**のに用いられる。

(2) 受水タンクの**水位監視**は，受水タンク内に設置した**電極棒**でタンクの水位を検出して制御する。

(3) ファンコイルユニットの温度制御は，サーモスタットにより室温を検知して，**電動二方弁や電動三方弁**により，ファンコイルユニットのコイルを流れる**冷温水量を制御**する方法がある。

(4) **汚物槽に用いるレベルスイッチ**は，原則として**フロートスイッチ**を用いる。**汚物用水中モーターポンプの制御**は，汚物槽の水位をフロートスイッチにて検知して行う。

解答 (1)

自動制御における制御対象と機器の組合せのうち，**関係のないもの**はどれか。

　　　（制御対象）　　　　　　　　　　（機器）

(1) 汚物排水タンクのポンプの発停 ──────── ボールタップ
(2) 居室の湿度 ────────────── ヒューミディスタット
(3) ファンコイルユニットのコイルの冷温水量 ── 電動二方弁
(4) 高置タンクの水位 ──────────── 電極棒

解 説

(1) **汚物槽や汚水槽の排水ポンプ**は，槽の水位を**電極棒**または**フロートスイッチで検出**して発停を行う。また，ボールタップは，便器洗浄のハイタンク，ロータンク及び受水槽などへの給水を自動的に閉止するための水栓である。

解答 (1)

ポンプ

重要問題50

渦巻ポンプに関する記述のうち，**適当でないもの**はどれか。

(1) 吐出し量の調整弁は，ポンプの吐出し側に設ける。
(2) 軸動力は，吐出し量の増加とともに増大する。
(3) 実用範囲における揚程は，吐出し量の増加とともに高くなる。
(4) 吐出し量は，羽根車の回転数に比例する。

解説

(1) 渦巻ポンプの吐出し量の調整は，ポンプの**吐出し側の調整弁**で行う。もし吸込み側の弁で調整すると，ポンプ内部で局所的に液体を気化するまで圧力低下を起こし，気泡を発生するキャビテーション現象が起こる。

(2) 渦巻ポンプは，遠心ポンプの一種であり，吐出し量が0のときの軸動力が最小で，軸動力は吐出し量の増大に伴い**増加する右上がりの曲線**となる。

(3) 揚程曲線とはポンプの吐出し量に対する全揚程の変化を示したものである。**渦巻ポンプは，吐出し量が0のときの全揚程が最大で，揚程曲線は吐出し量の増大に伴い低くなる右下がりの曲線**となる。

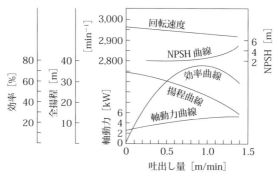

図 遠心ポンプの特性曲線

(4) 遠心ポンプの吐出し量は，**羽根車の回転数に比例**し，揚程は回転数の2乗に比例する。また軸動力は回転数の3乗に比例する。

解答 (3)

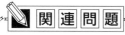

　遠心ポンプに関する記述のうち，**適当でないもの**はどれか。

(1) 実用範囲における揚程は，吐出し量の増加とともに低くなる。

(2) ポンプの吐出し量の調整は，吸込み側に設けた弁で行う。

(3) 同一配管系において，ポンプを並列運転して得られる吐出し量は，それぞれのポンプを単独運転した吐出し量の和よりも小さくなる。

(4) 軸動力は，吐出し量の増加とともに増加する。

解説

(2) 渦巻ポンプの吐出し量の調整は，ポンプの吐出し側の弁で行う。

(3) 同一特性（揚程曲線 H_1, H_2）のポンプを並列運転した場合の運転点は，総合揚程曲線 H_3 と抵抗曲線 R の交点となりポンプの揚程が高くなるので，それぞれのポンプの吐出量は Q_1, Q_2 となり，単独で運転した時の吐出し量 Q_1', Q_2' よりも少ない。

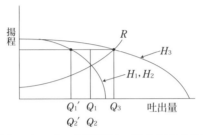

図　ポンプの並列運転の総合揚程曲線

解答　(2)

飲料用給水タンクの構造

重要問題51

建物内に設置する有効容量 5 m³の飲料用給水タンクの構造に関する記述のうち，**適当でないもの**はどれか。

(1) タンクの底部には，水抜きのための勾配をつけ，ピットを設ける。

(2) タンク内部の点検清掃を容易に行うために，直径45cm以上のマンホールを設ける。

(3) オーバーフロー管の排水口空間は，150mm以上とする。

(4) 衛生上有害なものが入らないようにするため，通気管に防虫網を設ける。

解説

(1) 飲料用給水タンクは，内部の保守点検を容易に行えるように水抜きを設けるほか，タンク底部には 1 /100程度の**勾配**をつけ，**排水溝や吸込ピット**などを設ける。

(2) **飲料用給水タンク**は，内部の保守点検を容易にかつ安全に行える位置に直径60 cm 以上のマンホールを設ける。

(3) 飲料用給水タンクの水抜き管およびオーバーフロー管の管端は間接排水とし，**排水口空間は150mm以上**とする。

(4) 飲料用給水タンクには，通気管を設け，通気管端部には，ほこり，虫など衛生上有害なものが入らないように**防虫網**などを取り付ける。

解答 （2）

飲料用給水タンクの構造等に関する記述のうち，**適当でないもの**はどれか。

(1) 天井面には汚染防止のため，1/100程度の勾配を設けることが望ましい。

(2) 衛生上有害なものが入らない構造の通気装置を設ける。

(3) 屋外に設置するFRP製タンクは，藻の発生を防止できる遮光性を有するものとする。

(4) タンクの底部と床面との間には，50cm以上の点検スペースを設ける。

(1) 飲料用給水タンクの天井面には，雨水や清掃時の洗浄水が溜まらないように 1/100程度の勾配をつけることが望ましい。

(3) 屋外に設置するFRP製タンクは，太陽光が入ると藻類が増殖するため，**タンク内照度を100 Lx 以下**になるように定められている。

(4) 飲料用給水タンクの天井，底または周壁の保守点検が容易にかつ安全に行えるように，**タンク底部と床面との間**，タンク側面と壁との間には**60 cm 以上**，またタンク上部と天井面との間には100cm以上の**保守点検スペース**を設ける。

解答 （4）

配管・ダクト

弁

重要問題52

弁に関する記述のうち，**適当でないもの**はどれか。

(1) 仕切弁は，玉形弁に比べ，全開時の圧力損失が少ない。

(2) 玉形弁は，仕切弁に比べ，流量を調整するのに適している。

(3) 逆止め弁は，チャッキ弁とも呼ばれ，スイング式やリフト式がある。

(4) バタフライ弁は，仕切弁に比べ，取付けスペースが大きい。

解説

(1) **仕切弁**は，流体の通路を弁体で垂直に遮断する弁であり，最も代表的な弁である。全開時には，開度が口径と同じになるため，流体の圧力損失が非常に少ない。

(2) **玉形弁**は，弁箱が玉形であることから玉形弁と呼ばれる。弁箱内で**流体の方向が急激に変化するために抵抗が大きい**が，弁体のリフト量が小さいので閉鎖時間が短く，また半開状態でも使用することができるため流量の調整に適している。

(3) **逆止め弁**は，流体を一方向にのみ流し，流体の背圧によって逆流を防止する弁で，弁箱・弁体の形状により，次のように分類する。

① スイング逆止め弁

② リフト逆止め弁

③ ボール逆止め弁

④ デュアルプレート逆止め弁

⑤ 衝撃吸収式逆止め弁

⑥ 水道用逆流防止弁及び水道用減圧式逆流防止器

(4) **バタフライ弁**は，弁箱内で弁棒を軸として円板状の弁体が回転することによって流路を開閉する弁で，仕切り弁に比べ**面間長さが短く，高さが低いの**

で取付けスペースが小さくなる。

表　主要な弁の特徴

項目	仕切弁	玉形弁	バタフライ弁	ボール弁
弁全開時弁体	流路に残らない	流路に残る	流路に残る	流路に残らない
ジスクの作動	上下作動	上下作動	回転作動	回転作動
操作性	普通	普通	よい	よい
面間	大きい	最も重い	小さい	大きい
重量	重い	重い	軽い	重い
高さ	最も高い	高い	低い	低い

解答　（4）

　関連問題 1

弁の構造及び特徴に関する記述のうち，**適当でないもの**はどれか。

(1) 仕切弁は，弁体が上下に作動し流体を仕切るもので，開閉に時間を要する。

(2) 玉形弁は，圧力損出が仕切弁よりも大きいが，流量を調整するのに適している。

(3) バタフライ弁は，コンパクトであり，重量が軽いことから取り付けが容易である。

(4) ボール弁は，流体の流れ方向を一定に保ち，逆流を防止する弁である。

　解説

(4) **ボール弁**は，コックと同じような機構で，ハンドルを回転することにより，ボールが回転し，開閉を行う。小形で操作が容易であり，流体抵抗が小さいなどの特長がある。

解答　（4）

✎ 関連問題 2

仕切弁と玉形弁の比較の組合せのうち，**適当でないもの**はどれか。

　　　　　　　　　　　（仕切弁）　　（玉形弁）
(1)　リフト　　　　　　：大 —————— 小
(2)　開閉時間　　　　　：長 —————— 短
(3)　流体抵抗　　　　　：大 —————— 小
(4)　流れ方向を示す矢印：なし ———— あり

◀ 解説 ▶

　仕切弁は，<u>流体の通路を弁体で垂直に遮断する弁</u>であり，最も代表的な弁である。全開時には開度が口径と同じになるため，流体の圧力損失が非常に小さい。また**玉形弁**は弁箱が玉形であることから玉形弁と呼ばれる。弁箱内で**流体の方向が下方から上方へと急激に変化するために流体抵抗が大きい**が，弁体のリフト量が小さいので，閉鎖時間が短く，また半開状態でも使用することができるため，流量の調整に適している。

表　弁の比較

	リフト	開閉時間	流体抵抗	ハンドル回転力	絞り	矢印	面間
仕切弁	大	長	小	軽	不良	なし	短
玉形弁	小	短	大	重	良	あり	長

解答　(3)

配管材料及び配管付属品

重要問題53

　配管材料及び配管付属品に関する記述のうち，**適当でないもの**はどれか。
(1)　ストレーナーの形式には，Y形，U形などがある。
(2)　排水用硬質塩化ビニルライニング鋼管の接続には，ねじ込み式排水管継手が使用される。
(3)　水道用銅管には，管の肉厚によりMタイプとLタイプがある。
(4)　伸縮管継手は，流体の温度変化に伴う配管の伸縮を吸収するために設ける。

解説

(1) **ストレーナー**は，金網によって配管内のごみをろ過するもので，Y形，T形では底ぶたを，V形やU形では上ぶたを取り外す構造になっている。

(2) **排水用硬質塩化ビニルライニング鋼管**は，薄肉鋼管のため軽量で取り扱いに優れているが，**ねじ加工ができないので**MDジョイントなどの**メカニカル継手**を用いる。

(3) 日本水道協会規格の**水道用銅管**は，使用圧力1.0MPaで，呼び径10〜50Aまであり，肉厚によりMタイプとLタイプがある。

(4) **伸縮管継手**は，蒸気・水・ガスや油などの配管で，流体の温度変化に伴う配管の軸方向の伸縮を吸収するために使用するもので，スリーブ形継手，ベローズ形継手やベント継手などがある。

解答 (2)

関連問題

配管材料及び配管付属品に関する記述のうち，**適当でないもの**はどれか。
(1) 逆止め弁は，チャッキ弁とも呼ばれ，スイング，リフト式などがある。
(2) 水道用ポリエチレン二層管は，外層及び内層ともポリエチレンで構成されている管である。
(3) ストレーナーは，配管内の不要物をろ過して，下流側の弁類や機器類を保護するものである。
(4) 玉形弁は，仕切弁に比べて全開時の流体抵抗が小さい。

解説

(1) 逆止め弁は，チャッキ弁とも呼ばれ，流体を一方向にのみ流し，流体の背圧によって逆流を防止する弁で，**スイング式，リフト式**などがある。

(2) 水道用ポリエチレン二層管は，**外層及び内層ともポリエチレンで構成**されており，使用圧力0.75MPa以下の水道の配管に用いられ，呼び径は13〜50の6種類がある。

(4) 玉形弁は，弁箱内で**流体の方向が下方から上方へと急激に変化するために流体抵抗が大きい**。仕切弁は，全開時には開度が口径と同じになるため，流体の圧力損失が非常に小さい。

解答 (4)

ダクト

重要問題54

ダクトに関する記述のうち，**適当でないもの**はどれか。

(1) ダクト断面の短辺に対する長辺の比（アスペクト比）は，なるべく大きくする。

(2) スパイラルダクトは，亜鉛鉄板などをら旋状に甲はぜ掛けしたものである。

(3) 長方形ダクトの板厚は，長辺の寸法で決め，長辺と短辺を同じ板厚とする。

(4) コーナーボルト工法には，共板フランジ工法とスライドオンフランジ工法がある。

解説

(1) **長方形ダクトの断面形状**は，強度，圧力損失や加工面から**アスペクト比（長辺と短辺の比）はなるべく小さくし4以下**とする。

(2) **スパイラルダクト**は，帯状の亜鉛鉄板などをら旋状に甲はぜ機械掛けしたものであり，板厚は薄いが甲はぜが補強の役割を果たし強度が高い。

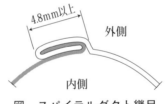

図 スパイラルダクト継目

(3) **長方形ダクトの板厚**は，構造的強度を決める要素である。同一板厚では長辺の方が短辺より弱いので長辺の寸法を基に決めるのが一般的である。

(4) **コーナーボルト工法**には，共板フランジ工法とスライドオンフランジ工法がある。**共板フランジ工法**は，ダクトの端部を折り曲げ成形した共板フランジをコーナー金具とフランジ押さえ金具を使用して，四隅をボルトナットで接続する。また，**スライドオンフランジ工法**は，ダクト鋼板とは別の鋼板でフランジを製作してダクトにスポット溶接し，コーナー金具とフランジ押さえ金具を使用して四隅をボルトナットで接続する。

解答 (1)

 **関連問題**

ダクトに関する記述のうち，**適当でないもの**はどれか。

(1) コーナーボルト工法には，共板フランジ工法とスライドオンフランジ工法がある。

(2) ダクトの拡大は，15度以内とすることが望ましい。

(3) ダクトの拡大部・縮小部における空気のうず流は，縮小部の方が発生しやすい。

(4) 長方形ダクトの曲り部の圧力損失が大きい箇所に，案内羽根（ガイドベーン）付きエルボを設置した。

解説

(2) ダクトの**拡大は15度以下**，縮小は30度以下とする。

(3) ダクトの拡大，縮小では，**拡大の方が空気のうず流やはく離が生じやすく**圧力損失が大きい。

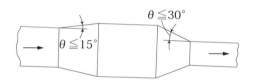

図　ダクトの拡大・縮小

(4) エルボの内側半径はダクト幅の1／2以上とするが，それが不可能な場合や直角エルボの場合は，乱流を生じて圧力損失や騒音が大きくなる恐れがあるので，**案内羽根付きエルボ**とする。

解答　(3)

ダクト及びダクト付属品

重要問題55

ダクト及びダクト付属品に関する記述のうち，**適当でないもの**はどれか。

(1) エルボの圧力損失は，曲率半径が大きいほど大きくなる。

(2) シーリングディフューザー形吹出口は，誘引作用が大きく気流分布が優れ

た吹出口である。

(3)　スパイラルダクトの接続には，差込み継手又はフランジ継手が用いられる。

(4)　たわみ継手は，送風機等からの振動がダクトに伝わることを防止するために用いられる。

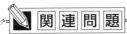

(1)　ダクトの曲がり，分岐や拡大などの異形部では，うず流が生じる。うず流による圧力損失とダクト壁面の摩擦抵抗による圧力損失の和を**局部抵抗**という。局部抵抗係数は曲率半径が大きいほど小さくなるので，エルボの**圧力損失は曲率半径が大きいほど小さくなる**。

(2)　**シーリングディフューザー形吹出口**は，複数枚のコーンによって多層の空気が吹出されるために誘引作用が非常に大きく，最も空気分布が優れた吹出口である。

(3)　**スパイラルダクトの接続**には，直管ダクトを継手に差込み，ダクト用テープを二重巻きにする方法と接合用フランジ継手を使用する方法がある。

(4)　**たわみ継手**（キャンバス継手）は，空気調和機や送風機などとダクトまたはチャンバーを接続する場合に振動が伝わることを防止するために使用される。

解答　(1)

関連問題

ダクト及びダクト付属品に関する記述のうち，**適当でないもの**はどれか。

(1)　シーリングディフューザ形吹出口は，気流分布が優れた吹出口である。

(2)　角形エルボに案内羽根（ガイドベーン）を入れると，圧力損失及び騒音値を減らすことができる。

(3)　亜鉛鉄板製の長方形ダクトと円形ダクトは，風量，断面積が同一であれば，摩擦損失も同じである。

(4)　長方形ダクトの空気の漏えい量を少なくするためには，フランジ部，はぜ部などにシールを施す。

(2)　**角形エルボを用いる場合は**，流れを所定の方向へ導き，圧力損失及び

騒音値を減らすために，数枚の案内羽根（ガイドベーン）をダクトの曲がり部に入れる。

(3) **長方形ダクトと円形ダクトを比較する**と，同一断面積のダクトでは長方形ダクトの方が周長は長くなるし，コーナー部では空気のうず流やはく離が生じる。

したがって，同一の材料・断面積や風量の場合は，**長方形ダクトの方が摩擦損失は大きい**。

(4) 長方形ダクトの**空気の漏えい防止**や雨水の侵入防止のために，接合部のダクト折り返しの四隅部，ダクト継方向のはぜ部，ダクト接合部やリベット・ボルトなどをシール材でシールする。

解答 (3)

第7章
設計図書に関する知識

設計図書

重要問題56

次のうち，「公共工事標準請負契約約款」上，設計図書に**含まれない**ものはどれか。

(1) 現場説明書
(2) 現場説明に対する質問回答書
(3) 設計図面
(4) 請負代金内訳書

解説

設計図書は**図面**，**仕様書**（特記仕様書と標準仕様書がある。），**現場説明書及び現場説明に対する質問回答書**の4種類とされている（約款第1条第1項）。

解答 (4)

次のうち，「公共工事標準請負契約約款」上，設計図書に**含まれない**ものはどれか。

(1) 現場説明書
(2) 設計図面
(3) 工程表
(4) 仕様書

解説

設計図書は，**図面**，**仕様書**，**現場説明書**及び現場説明に対する質問回答書とされており，<u>工程表は含まれない</u>。

解答 (3)

機器とその仕様

重要問題57

機器とその仕様として設計図書に記載する項目の組合せのうち，**適当でない**ものはどれか。

    （機器）   （記載項目）
(1)　ファンコイルユニット――――形式
(2)　冷却塔――――――――――――許容騒音値
(3)　遠心送風機――――――――――静圧
(4)　遠心ポンプ――――――――――呼び番号

解説

(1)　ファンコイルユニットの仕様記載項目には，**形式**，形番，付属弁の種類などがある。

(2)　冷却塔の許容騒音値は，日本冷却塔工業会の騒音基準により，**騒音の測定位置と基準値**が決められており，仕様を表すものである。

(3)　遠心送風機の仕様記載項目には，形式，**呼び番号**，風量，静圧，電動機，基礎の種別，台数などがある。

(4)　**遠心ポンプの仕様**を表すものは，**吸込口径，循環水量，循環水頭，電動機**などがある。**呼び番号は送風機の大きさを表わすもの**であり，遠心送風機では羽根車の羽根外径150 mm を呼び番号の1単位としている。

解答　(4)

✎ 関連問題

設計図書に記載される機器とその仕様として記載する項目の組合せのうち，**関係のないもの**はどれか。

    （機器）   （記載する項目）
(1)　送風機――――――――――初期抵抗
(2)　ボイラー――――――――――定格出力
(3)　冷却塔――――――――――許容騒音値
(4)　小形給水ポンプユニット――揚程

設計図書

解　説

(1)　送風機の仕様記載項目は，形式，**呼び番号**，風量，静圧，電動機，基礎の種別，台数などがあり，**初期抵抗を記載項目とする機器は，エアフィルターや全熱交換器**などがある。

(2)　**ボイラーの定格出力**は，ボイラーの仕様を表わすものである。

(3)　**冷却塔の許容騒音値**は，騒音の測定位置と基準値が決められており，仕様を表わすものである。

(4)　**ポンプの仕様記載項目**には，吸込口径，揚水量，揚程，電動機，基礎の種類，台数などがある。

解答　(1)

第8章
施工管理法

施工計画

重要問題58

設計図書（図面，特記仕様書，標準仕様書，現場説明書及び質問回答書をいう。）間に，くい違いがあった場合には監督員等との協議を行う必要があるが，設計図書の一般的な優先順位に関する記述のうち，**適当でないもの**はどれか。

(1) 図面より特記仕様書が優先する。

(2) 特記仕様書より標準仕様書が優先する。

(3) 標準仕様書より図面が優先する。

(4) 図面より現場説明書及び質問回答書が優先する。

解説

設計図書とは，図面，仕様書（特記仕様書，標準仕様書がある。），現場説明書及び質問回答書をいうが，これらは相互補完するものであり，設計図書間で食い違いがある場合の優先順位は次の順となる。

  1位　質問回答書
  2位　現場説明書
  3位　特記仕様書
  4位　図面
  5位　標準仕様書
の順となる。

解答　(2)

関連問題 1

総合的な施工計画を立てる際に行うべき業務として，**適当でないもの**はどれか。

(1) 設計図書にくい違いがある場合は，現場代理人が判断し，その結果の記録を残す。

(2) 材料及び機器について，メーカーリストを作成し，発注，納期，製品検査の日程などを計画する。

(3) 設計図書により，工事内容を把握し，諸官庁へ提出が必要な書類を確認する。

(4) 敷地の状況，近隣関係，道路関係を調査し，設計図書で示されない概況を把握する。

解説

(1) **設計図書にくい違いがある場合は**，現場代理人が判断することでなく，監督員等と協議を行い，その結果を記録として残しておく。

(2) **材料及び機器は**，設計図書，工事見積り，工期などによりメーカーリストを作成し，**発注，納期，製品検査**などを計画する。

(3) 設計図書によりその工事内容を把握して，**着工前に許認可申請・届出を必要とする事項を確認**し，早い時期から準備を進める。

(4) 着工前に工事現場の状況を把握する**現地調査の主なもの**は，次のとおりである。

　① 周囲の状況

　② 隣接建物と敷地境界線の関係

　③ 周囲の道路状況など

　④ 施工上の問題点など

解答 (1)

143

■ 関 連 問 題 2

公共工事における施工計画に関する記述のうち，**適当でないもの**はどれか。

(1) 施工計画書は，作業員に工事の詳細を徹底させるために使用されるもので，監督員の承諾は必要ない。

(2) 工事に使用する機材は，設計図書に特別の定めがない場合は新品とするが，仮設材は新品でなくてもよい。

(3) 着工前業務には，工事組織の編成，実行予算書の作成，工程・労務計画の作成などがある。

(4) 施工図は，作成範囲，順序，作成予定日等を定めた施工図作成計画表に基づき，時機を失うことのないように完成させる。

▶ 解 説 ◀

(1) **施工計画書**は，当該工事の施工方法や使用する機材等を具体的に文書にしたものであり，**監督員に提出して承認を受けて，実際に施工する作業員まで工事の詳細を徹底させるために使用するもの**である。

(2) 公共工事標準仕様書に「工事に使用する機材は，設計図書に定める品質及び性能を有する**新品とする**。ただし，**仮設**に使用する設材は，**新品でなくてもよい**」とある。

(3) 現場乗込み前に現場管理者が行わなければならない**着工前業務**として，次のようなものがある。

① 契約書，設計図書の検討と確認
② **工事組織の編成**
③ 工事外注と下請契約
④ **実行予算書の作成**
⑤ 総合施工計画書の作成
⑥ **総合工程表の作成**
⑦ 仮設計画
⑧ 資材，**労務計画**
⑨ 着工に伴う諸届出と申請

(4) 施工図の作成は，事前に打合せを行って，作成範囲，順序，作成予定月日，図面の縮尺などを検討して**施工図作成計画表を作成**し，時機を失うことなくできる限り早く完成させる。

解答 (1)

施工図・製作図

重要問題59

施工図又は製作図に関する記述のうち，**適当でないもの**はどれか。

(1) 施工図は，設計図書に基づいて作成するが，機能や他工事との調整についても検討する。

(2) 施工図は，納まりの検討を必要とするが，表現の正確さや作業の効率についても検討する。

(3) 製作図は，仕様や性能について確認するが，搬入・据付けや保守点検の容易性も確認する。

(4) 製作図は，吹出口やダンパについては必要としないが，機器類については作成する。

解説

(1) **施工図の作成**は，その内容が設計図書と相違ないことを確認するとともに，設計図書の意図することを理解し，他工事との取合いを十分検討し，技術上の関連を明確にして，施工段階で支障が生じないようにする必要がある。

(2) **施工図**は，設計図書だけでは表現できない部分の施工上の要点の確認，工夫と解決を図り，作業員が能率よく正確に施工できるように表現する。

(3) **製作図**は，機器のレイアウト・支持方法，据付け部位の構造，基礎・据付け架台の仕様，搬入方法及び機器の使用勝手，保守点検・修理の容易性などを確認の上，寸法・材質・機能・電圧・起動方式・塗装・付属品などの条件を明記した製作図を作成する。

(4) **製作図を必要とするもの**として，機器類・**吹出口**・吸込口・排煙口・自動制御機器・湯沸器・流し・浴槽・消火栓類・盤類・煙道・浄化槽・防振装置・架台・**ダンパ類**・フード・ます類，その他特殊機器が挙げられる。

解答 （4）

 関連問題

施工図又は製作図に関する記述のうち，**適当でないもの**はどれか。

(1) 施工図は，作成計画表に基づいて順序，予定日等を定めて作成するが，時期を失うことのないように早く完成させる。

(2) 施工図は，設計図書に基づいて作成するが，納まりの他に機能についても検討する。

(3) 製作図は，製造者が作成するが，設計図書，仕様書等に適合したものであるか確認する。

(4) 製作図は，吹出口やダンパについては必要としない。

解説

(4) 設計図書に示されている機器は，種々の機能が定められているが，具体的なかたちとして示されていない場合が多い。そのため，製作する前に製作図を作成するか見本品により設計図書と相違ないことを確認する。**製作図を必要とするものとして**，機器類・**吹出口**・吸込口・排煙口・自動制御機器・湯沸器・流し・浴槽・消火栓類・盤類・煙道・浄化槽・防振装置・架台・**ダンパ類**・フード・ます類，その他特殊機器があげられる。

解答 (4)

工程管理

工程表の種類

重要問題60

工程表に関する記述のうち，**適当でないもの**はどれか。

(1) ガントチャート工程表は，各作業の現時点における進行状態が達成度により把握でき，作成も容易である。

(2) ネットワーク工程表は，ガントチャート工程表に比べて，他工事との関係がわかりやすい。

(3) バーチャート工程表は，ネットワーク工程表より遅れに対する対策が立てやすい。

(4) バーチャート工程表は，通常，横軸に暦日がとられ，各作業の施工時期や所要日数がわかりやすい。

解説

工程管理は，各種工程表を図表化し，実施とその検討のための基準として使用する。主な工程表を示すと，次のとおりである。

1) **ガントチャート工程表**

各作業の完了時点を100％として横軸に達成度をとり，現在の進行状態を棒グラフに示した図表である。各作業の現時点での進行状態はよくわかるが，各作業の前後関係，工事全体の進行度や各作業の所要日数・所要工数は不明である。

2) **バーチャート工程表**

縦軸に作業名を列記し，横軸に暦日等をとり，各作業の着手日と終了日の間を横線で結ぶもので，各作業の所要日数と施工日程や着手日と終了日がわかりやすい。また作業の流れが左から右へ移行しているので，漠然ではあるが作業間の関係がわかる。しかし，各作業の工期に対する影響の度合いは把握できない。

3） ネットワーク工程表

　丸印と矢線で表示するので，作業の数が多くなっても先行して行われていなければならない作業は何か，並行して行える作業は何か，その後に続く作業は何かの3つの流れに整理され，全体の相互関係が理解しやすい。そのため，

① 作業の順序関係が明確となり，施工計画の段階で工事手順の検討が可能となる。

② ネックとなる作業が明らかになるので，**重点管理が可能になる**。

③ 工事途中での計画変更に速やかに対処できる。

などの利点があるので，ネットワーク工程表は，**バーチャート工程表より遅れに対する対策を立てやすい**。

解答 （3）

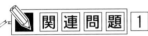

　工程表に関する記述のうち，**適当でないもの**はどれか。

(1) バーチャート工程表は，作業間の関連が明確でないという欠点がある。

(2) バーチャート工程表は，工事の進捗状況を把握しやすいので，詳細工程表に用いられることが多い。

(3) バーチャート工程表は，各作業の施工時期や所要日数が明確で，クリティカルパスを把握しやすい。

(4) ネットワーク工程表は，フロート（余裕時間）がわかるため，労務計画及び材料計画を立てやすい。

(1) バーチャート工程表は，作業の流れが左から右へ移行しているので，漠然ではあるが，作業間の関係がわかる。しかし，**作業間の関連とそれによる全体工程への影響が明確でなく**，重点管理作業が把握できない欠点がある。

(2) バーチャート工程表は，作り方が簡単で見やすいこともあり，小規模工事では**詳細工程表として利用されている**。

(3) **バーチャート工程表**は，各作業の施工時期や所要日数が分かりやすい。しかし，**ネットワーク工程表**は，作業の順序関係が明確となり，全

ルートで**最も時間のかかる経路（クリティカルパス）**がわかり，ネック
となる作業が明確になる。

(4)　ネットワーク工程表は，フロート（余裕時間）がある作業と無い作業
とに区別できるので，経済的な**稼働人員の配置や資材の手配**も立てやす
い。

解答 (3)

 関 連 問 題 2

工程表と関連する用語の組合せのうち，**適当でないもの**はどれか。
　　　（工程表）　　　　　　　（関連する用語）
(1)　ネットワーク工程表 ── イベント
(2)　ネットワーク工程表 ── アクティビティ
(3)　バーチャート工程表 ── 予定進度曲線
(4)　バーチャート工程表 ── ダミー

解 説

ネットワーク工程表の記号は，次の**3種類**がある。
　① **矢印は**アクティビティと呼ばれ，時間を必要とする作業のことであ
る。
　② **丸印は**イベントと呼ばれ，作業の開始及び終了時点を示す。
　③ **点線の矢印は**ダミーと呼ばれ，架空の作業の意味で，作業の前後関
係のみを表す。

解答 (4)

ネットワーク工程表

重要問題61

図に示すネットワーク工程表に関する記述のうち，**適当でないもの**はどれか。

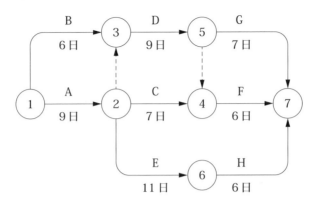

(1) 作業C, 作業D, 作業Eは並行して行うことができる。

(2) 作業Gは, 作業Cと作業Dが完了しないと着手できない。

(3) クリティカルパスは1つである。

(4) 作業Gの着手が2日遅れても, 全体の所要日数は変わらない。

解説

(1) ネットワーク工程表の記号と基本ルールで, 矢印は作業(アクティビティ)を表し, 丸印は作業の結合点(イベント)を表し, 作業の開始と終了時点を表す。また点線の矢印(ダミー)は架空の作業で前後関係のみを表す。そのため, 結合点②と③から始まる作業C, 作業D, 作業Eは並行して行うことができる。

(2) 作業Gの先行作業は, 作業Dのみであり, 作業Dが完了すれば, 着手できる。

(3) 結合点①から⑦まで至る経路は, ①→②→③→⑤→⑦, ①→②→③→⑤→④→⑦, ①→②→④→⑦, ①→②→⑥→⑦, ①→③→⑤→⑦, ①→③→⑤→④→⑦の6本ある。その中で最大所要日数27日の経路(クリティカルパス)は①→②‥③→⑤‥④→⑦の1本である。

(4) 作業Gは, 作業Dが終了する18日以降開始できるが, 作業Fが終了する27日までに完了すればよい。作業Gの作業日数は6日なので, 2日の余裕があり着手が2日遅れても全体の所要日数には影響がない。

解答 (2)

下図に示すネットワーク工程表に関する記述のうち，**適当でないもの**はどれか。ただし，図中のイベント間のA～Kは作業内容，日数は作業日数を表す。

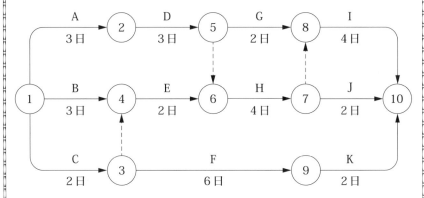

(1) クリティカルパスは，2本ある。

(2) 作業Hの所要日数を3日に短縮すれば，全体の所要日数も短縮できる。

(3) 作業Gの着手が2日遅れても，全体の所要日数は変わらない。

(4) 作業Eは，作業Dよりも1日遅く着手することができる。

◀ 解 説 ▶

(1) 結合点①から⑩まで至る経路は，8本ある。その中で**最大所要日数14日の経路**は，①→②→⑤‥→⑥→⑦‥→⑧→⑩の**1本**である。

(2) 作業Hの所要日数を4日から3日に短縮しても，最長経路（クリティカルパス）は変わらず，**全体の所要日数は14日から13日に短縮できる。**

(3) 作業Gは，作業Hが終了する10日までに完了すればよいので，着手が2日遅れても**全体の所要日数は14日で変わらない。**

(4) 作業Eは，作業Dが終了する6日までに完了すればよいので，**着手を1日遅くすることができる。**

解答 (1)

クリティカルパスの計算

重要問題62

図に示すネットワーク工程表のクリティカルパスにおける所要日数として，適当なものはどれか。

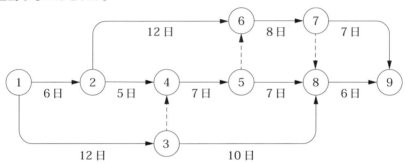

(1) 28日

(2) 31日

(3) 34日

(4) 37日

解説

結合点①から⑨まで至る経路は，下記の9本ある。その中の**最長の経路をクリティカルパス**といい，①→③→④→⑤…⑥→⑦→⑨で**34日**が工期となる。

ルート1	①→⑥日→②→⑤日→④→⑦日→⑤→⑦日→⑧→⑥日→⑨	31日
ルート2	①→⑥日→②→⑤日→④→⑦日→⑤→⑧日→⑥→⑧日→⑦→⑦日→⑨	33日
ルート3	①→⑥日→②→12日→⑥→⑧日→⑦→⑧日→⑧→⑥日→⑨	32日
ルート4	①→⑥日→②→12日→⑥→⑧日→⑦→⑦日→⑨	33日
ルート5	①→⑥日→②→⑤日→④→⑦日→⑤→⑧日→⑥→⑧日→⑦→⑧日→⑧→⑥日→⑨	32日
ルート6	①→12日→③→10日→⑧→⑥日→⑨	28日
ルート7	①→12日→③→⑦日→④→⑤→⑦日→⑧→⑥日→⑨	32日
ルート8	①→12日→③→⑦日→④→⑦日→⑤→⑧日→⑥→⑦日→⑦→⑨	**34日**
ルート9	①→12日→③→⑦日→④→⑤→⑧日→⑥→⑧日→⑦→⑧日→⑧→⑥日→⑨	33日

解答 (3)

図に示すネットワーク工程表において，クリティカルパスの本数と所要日数の組合せのうち，**正しいもの**はどれか。

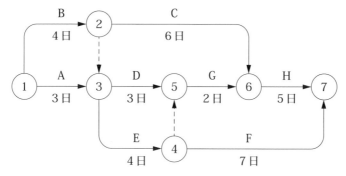

　　（本数）　　　（所要日数）
(1)　　3 本 ─────── 15日
(2)　　2 本 ─────── 15日
(3)　　3 本 ─────── 14日
(4)　　2 本 ─────── 14日

開始結合点①から最終結合点⑦まで至る経路は，7 本ある。それぞれ所要日数を求めると，

ルート1　　①$\xrightarrow{4日}$②$\xrightarrow{6日}$⑥$\xrightarrow{5日}$⑦　　　　　　　　**15日**

ルート2　　①$\xrightarrow{4日}$②$\xdashrightarrow{0日}$③$\xrightarrow{3日}$⑤$\xrightarrow{2日}$⑥$\xrightarrow{5日}$⑦　　14日

ルート3　　①$\xrightarrow{4日}$②$\xdashrightarrow{0日}$③$\xrightarrow{4日}$④$\xdashrightarrow{0日}$⑤$\xrightarrow{2日}$⑥$\xrightarrow{5日}$⑦　　**15日**

ルート4　　①$\xrightarrow{4日}$②$\xdashrightarrow{0日}$③$\xrightarrow{4日}$④$\xrightarrow{7日}$⑦　　　　**15日**

ルート5　　①$\xrightarrow{3日}$③$\xrightarrow{3日}$⑤$\xrightarrow{2日}$⑥$\xrightarrow{5日}$⑦　　　　13日

ルート6　　①$\xrightarrow{3日}$③$\xrightarrow{4日}$④$\xrightarrow{7日}$⑦　　　　　　14日

ルート7　　①$\xrightarrow{3日}$③$\xrightarrow{5日}$⑤$\xrightarrow{2日}$⑥$\xrightarrow{5日}$⑦　　　　14日

3ルートが所要日数15日となり，それぞれが**クリティカルパス**となる。

解答　(1)

抜取検査

重要問題63

　次の試験・検査のうち，抜取検査を行うものとして，**適当でないもの**はどれか。
⑴　コンクリート強度試験
⑵　配管の吊り間隔の確認
⑶　防火ダンパ用温度ヒューズの作動試験
⑷　埋設排水管の勾配確認

解説

⑴　**コンクリートの強度試験**は，コンクリート打込み日ごと，打込み工区ごと，かつ150 m³または端数ごとに供試体を採取する方法で，抜取検査を行っている。
⑵　**配管の吊り及び支持間隔**，支持方法，振れ止め，固定，防振材の取付け状況は，抜取検査で施工図や施工要領書にて適合していることを確認する。
⑶　**防火ダンパ用温度ヒューズ**は，作動試験を行うと溶けてしまい，ヒューズとしての機能を失い商品価値がなくなるため，抜取検査を行う。
⑷　地中埋設の排水管の満水試験及び通水試験は，<u>全数検査</u>とし，漏水の有無，<u>配管の勾配</u>など異常の有無を検査する。

解答　⑷

 関連問題 1

　次の試験・検査のうち，全数試験・検査が**必要なもの**はどれか。
⑴　防火ダンパ用温度ヒューズの作動試験
⑵　給水栓から吐出した水の残留塩素濃度試験

(3)　ボイラ用安全弁の作動試験
(4)　配管のねじ加工の検査

解説

(1)　**防火ダンパ用温度ヒューズ**は，作動試験を行うと溶けてしまい，ヒューズとしての機能を失い商品価値がなくなるため，**抜取検査**を行う。
(2)　**残留塩素濃度試験**は，給水系統で**一番遠い水栓**で**抜取検査**が必要で，遊離残留塩素濃度が0.2 mg/L 以上まで消毒をする。
(3)　**ボイラ用安全弁の作動試験**は，不良品を見逃すと人身事故や重大な損失を与えるおそれがあるので，**全数検査**が必要である。
(4)　**配管のねじ**は，連続して加工されるものであり，**抜取検査**を行う。

解答　(3)

関連問題 2

抜取検査を行う場合の必要条件として，**適当でないもの**はどれか。
(1)　合格したロットの中に，不良品の混入が許されないこと。
(2)　ロットの中からサンプルの抜取りがランダムにできること。
(3)　品質基準が明確であり，再現性が確保されること。
(4)　検査対象がロットとして処理できること。

解説

　抜取検査は，ロットの処理を決める行動であり，ロット内の個々の製品を別々に処理するものではないので**必要条件**として次の**5項目**がある。
　① 製品がロットとして処理できること。
　② **合格ロットの中にも，ある程度の不良品の混入を許せること。**
　③ 試料の抜取りがランダムにできること。
　④ 品質基準が明確であり，再現性が確保できること。
　⑤ 計量抜取検査では，ロットの検査単位の特性値の分布がほぼ分かっていること。

解答　(1)

試験・検査

重要問題64

品質を確認するための試験・検査に関する記述のうち，**適当でないもの**はどれか。

(1) 防火区画貫通箇所の穴埋めの確認は，抜取検査とした。

(2) ダクトの板厚や寸法などの確認は，抜取検査とした。

(3) 排水配管の通水試験実施にあたり，立会計画を立て監督員に試験の立会いを求めた。

(4) 完成検査時に，契約書や設計図書のほか，工事記録写真，試運転記録などを用意した。

解説

(1) **防火区画貫通箇所の穴埋めなど防火関係の施工検査**は，不良施工箇所を見逃さないため**全数検査**とする。

(2) ダクトの板厚や寸法などの確認は受入れ検査時に，抜取検査を行う。

(3) 機器および配管の水圧試験・気密試験や排水配管の満水試験・通水試験などは**監督員の立会い計画を立て**，施工状況の確認を受ける必要がある。

(4) **完成検査は施主またはその代理人**が，契約書，設計図書に基づいて外観・寸法・機能等すべてを施主の立場で**最終検査**をすることである。

解答 (1)

試験・検査に関する記述のうち，**適当でないもの**はどれか。

(1) 給水管の水圧試験は，全数検査を行う。

(2) 防火区画貫通箇所の穴埋め検査は，全数検査を行う。

(3) 排水管の通水試験は，抜取検査を行う。

(4) ダクトの板厚や寸法などの確認は，抜取検査を行う。

解説

(1) 給水管は，配管途中若しくは隠蔽，埋戻し前または配管完了後の被覆

施工前に一区画ごとに水圧試験を行い，**一箇所でも漏水がないように全数検査**を行う。

(2)　防火区画貫通箇所の穴埋めの確認は，**不良施工箇所を見逃さないため全数検査**とする。

(3)　**排水管の通水試験は，**漏水の有無，逆勾配の有無など排水系統の最終的な検査であり，汚水，雑排水通気系統のすべてが完了した後に<u>**全数検査**</u>を行う。

(4)　防火ダンパ用温度ヒューズは，試験を行うと溶けてしまうので**抜取検査**とする。

解答　(3)

品質管理

建設工事現場の安全管理

重要問題65

　建設工事現場の安全に関する記述のうち，**適当でないもの**はどれか。

(1)　脚立は，脚と水平面との角度を80度とし，その角度を保つための金具を備えたものとした。

(2)　事業者は，作業主任者を選任したので，その者の氏名及び行わせる事項を作業場の見やすい箇所に掲示した。

(3)　移動はしごは，すべり止め装置の取付けその他転位を防止するために必要な措置を講じたものとした。

(4)　つり上げ荷重5トンの移動式クレーンを使用した玉掛け業務に，玉掛け技能講習を修了した者を就けた。

解説

(1)　脚立の使用にあたっては「脚と水平面との角度を<u>75度以下</u>とし，かつ折りたたみ式のものにあっては，脚と水平面との角度を確実に保つための<u>金具等を備える</u>こと。」と規定されている。（安衛則第528条第3号）

(2)　「事業者は，**作業主任者を選任した**ときは，当該作業主任者の氏名及びその者に行わせる事項を作業場の見やすい箇所に掲示する等により関係労働者に周知させなければならない。」と規定されている。（安衛則第18条）

(3)　**移動はしごの使用**にあたっては「すべり止め装置の取付けその他転位を防止するために必要な措置を講ずること。」と規定されている。（安衛則第527条）

(4)　**就業制限がかかる業務**として「制限荷重が1t以上の揚貨装置又はつり上げ荷重が1t以上のクレーン，移動式クレーン若しくはデリックの玉掛けの業務」と規定されている。なお，玉掛け業務は，クレーン等安全衛生規則第221条「玉掛技能講習を修了した者に就かせる。」と規定されている。（安衛令第20条，クレーン等安全衛生規則第221条）　　　　　　　**解答　(1)**

次の業務のうち，「労働安全衛生法」上，**特別の教育を受けるだけでは就かせることができない業務**はどれか。

(1) 建設用リフトの運転の業務
(2) ゴンドラの操作の業務
(3) 可燃性ガス及び酸素を用いて行う金属の溶接，溶断の業務
(4) つり上げ荷重が1トン未満のクレーンの玉掛けの業務

特別教育は，危険または有害な業務で一定のものに労働者を就かせるときは，事業者が特別の安全衛生教育を定めたものである。（安衛法第59条第3項，安衛則第36条）

表　特別教育を必要とする業務と就業制限に係る業務

業務の区分	業務に就くことができる者	条文
(1) 建設用リフトの運転の業務	特別教育を受けた者	則第36条第十八号
(2) ゴンドラの操作の業務	特別教育を受けた者	則第36条第二十号
(3) 可燃性ガス及び酸素を用いて行う金属の溶接，溶断または加熱の業務	ガス溶接作業主任者免許を受けた者 ガス溶接技能講習を修了した者 その他厚生労働大臣が定める者	令第20条第十号 則第41条 別表第3
(4) つり上げ荷重が1t未満のクレーン，移動式クレーン又はデリックの玉掛けの業務	特別教育を受けた者	則第36条第十九号

(3) **可燃性ガス及び酸素を用いて行う金属の溶接，溶断または加熱の業務**は，ガス溶接作業主任者免許を受けた者，ガス溶接技能講習を修了した者，その他厚生労働大臣が定める者が従事できる。

解答　(3)

関連問題 2

建設工事現場の安全管理に関する記述のうち，**適当でないもの**はどれか。

(1) 回転する刃物を使用する作業は，手を巻き込むおそれがあるので，手袋の使用を禁止する。

(2) 安全施工サイクルとは，安全朝礼から始まり，安全ミーティング，安全巡回，工程打合せ，片付けまでの日常活動サイクルのことである。

(3) 高さが2mの箇所の作業で，作業床を設けることが困難な場合は，防網を張り，作業者に要求性能墜落制止用器具を使用させる。

(4) 交流アーク溶接機を用いた作業の継続期間中，自動電撃防止装置の点検は，一週間に一度行わなければならない。

解説

(1) 「事業者は，ボール盤，面取り盤等の**回転する刃物**に作業中の労働者の手が巻き込まれるおそれのあるときは，当該労働者に**手袋を使用させてはならない。**」と規定されている。（安衛則第111条第1項）

(2) **安全施工サイクル**とは，作業現場において日常活動として行われている安全の一連のサイクルで安全朝礼に始まり，作業開始前KYミーティング，巡視点検是正確認，作業中の指導監督，工程打合せ，終業時の現場片付けなどの活動をいう。

(3) 「作業床を設けることが困難な時は，防網を張り，労働者に要求性能墜落制止用器具を使用させる等，**墜落による労働者の危険を防止する**ための措置を講じなければならない。」と規定されている。（安衛則第518条）

(4) **交流アーク溶接機を用いた作業の継続期間中**，自動電撃防止装置の点検は，「その日の使用を開始する前に，交流アーク溶接機用自動電撃防止装置の作動状態を点検し，異常を認めたときは直ちに補修し，又は取り換えなければならない。」と規定されている。（安衛則第352条）

解答 (4)

建設工事現場の安全管理に関する記述のうち，**適当でないもの**はどれか。

(1) 軟弱地盤上にクレーンを設置する場合，クレーンの下に強度のある鉄板を敷く。

(2) 高所作業には，高血圧症，低血圧症，心臓疾患等を有する作業員を配置しない。

(3) 気温が高い日に作業を行う場合，熱中症予防のため，暑さ指数（WBGT値）を確認する。

(4) 既設汚水ピット内の作業前における酸素濃度の測定は，酸素欠乏症等に関する特別の教育を受けた作業員が行う。

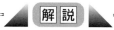 解説

(1) クレーンによる災害は，労働災害だけでなく，一般通行人や一般家屋等を含めた公衆災害を引き起こすことがある。転倒を防止するため，アウトリガーを最大限に張り出すことを徹底させるとともに，軟弱地盤上では，強度を有する**鉄板を敷く**。

(2) 墜落のおそれのある**高所作業**には，高・低血圧症，心臓疾患等を有する作業員を**配置しない**。

(3) **暑さ指数（WBGT値）**とは，人体の熱収支に影響の大きい湿球，熱輻射，気温の3つを取り入れた指標で，屋外で労働やスポーツ等をする際に熱中症にならないために活用する。

(4) **酸素欠乏等の危険場所での作業**は，<u>酸素欠乏危険作業主任者技能講習</u>又は，<u>酸素欠乏・硫化水素危険作業主任者技能講習を修了した者</u>のうちから，**酸素欠乏危険作業主任者**を選任しなければならない。その者に次の事項を行わせる。

① 作業に従事する労働者が酸素欠乏の空気を吸入しないように，作業の方法を決定し，労働者を指揮すること。

② **作業を行う場所の空気の酸素濃度を測定**すること。

③ 作業者が酸素欠乏症にかかることを防止するための器具又は設備を点検すること。

解答 (4)

工事施工：機器の据付け

機器の据付け全般 1

重要問題66

機器の据付けに関する記述のうち，**適当でないもの**はどれか。

(1) 屋上に設置する冷却塔は，その補給水口が，高置タンクから必要な水頭圧を確保できる高さに据え付ける。

(2) 直だきの吸収冷温水機は，振動が大きいため，防振基礎の上に据え付ける。

(3) 呼び番号 3 の天井吊り送風機を，形鋼製のかご型架台上に据え付け，架台はアンカーボルトで上部スラブに固定した。

(4) 送風機の V ベルトの張りは，電動機のスライドベース上の配置で調整した。

解説

(1) 冷却塔への補給水は，ボールタップを作動させるための水頭圧が必要で，配管抵抗を考慮すれば冷却塔の補給水口の高さは，高置タンクの低水位より**3 m 程度の高さが必要である。**

(2) **直だきの吸収冷温水機は，圧縮機がないため振動が小さく据え付けるのは防振基礎の上でなくともよい。**しかし，遠心冷凍機は振動や騒音が大きいので防振基礎の上とする。

(3) **呼び番号 2 以上の天井吊り送風機は，**形鋼でかご型に溶接した架台上に据付け，その形鋼架台は吊り下げ荷重・地震力に耐えるようスラブ鉄筋に緊結したアンカーボルトで固定する。

(4) V ベルトは，決められた長さに無端環状に製造されており，任意の長さにすることはできないので，一般に電動機をスライドベースに取付け，送風機の V ベルトの張力は電動機を移動して調整する。

解答 (2)

機器の据付けに関する記述のうち，**適当でないもの**はどれか。

(1) 冷却塔は，補給水口の高さが高置タンクの低水位から1m未満となるように据え付ける。

(2) パッケージ形空気調和機は，コンクリート基礎上に防振ゴムパッドを敷いて水平に据え付ける。

(3) 送風機は，レベルを水準器で検査し，水平となるように基礎と共通架台の間にライナーを入れて調整する。

(4) 吸収冷温水機は，据付け後に工場出荷時の気密が保持されているか確認する。

(1) **冷却塔への補給水**は，ボールタップを作動させるための水頭圧が必要であり，冷却塔の補給水頭の高さは，高置タンクの低水位より**3m程度の高さ**が必要である。

(2) **パッケージ形空気調和機**は，平らに仕上げられたコンクリート基礎又は床面に防振材を敷いて水平に据え付ける。

(3) **遠心送風機の据付け**は，コンクリート基礎の上に仮置きしレベルを水準器で検査する。水平が出ていない場合は，基礎と共通架台の間にライナーを入れて水平に調整する必要がある。

(4) **吸収冷温水機**は，機内の真空状態の確保により，性能・機能・耐久性などが大きく影響を受けるため，据付け後は工場出荷時の気密が保持されているかチェックを行う。

解答　(1)

機器の据付け全般 2

重要問題67

機器の据付けに関する記述のうち，**適当でないもの**はどれか。

(1) 貯湯タンクの断熱被覆外面から壁面までの距離は，保守点検スペースを確保するため，60cmとした。

(2) 建物内に設置する飲料用受水タンク上部と天井との距離は，100cmとした。

(3) 汚物排水槽に設ける排水用水中ポンプは，排水流入口の近くに据え付けた。

(4) 洗面器を軽量鉄骨ボード壁に取り付ける場合は，アングル加工材をあらかじめ取り付けた後，バックハンガーを所定の位置に固定した。

解説

(1) **貯湯タンク**は，保守・点検用スペースとして断熱被覆外面から壁面までの距離を45cm以上として，内部点検用マンホール部分は80cm以上を確保する。

(2) 飲料用受水タンク底部と床面の間やタンク側面と壁との間の距離は60cm以上，また**タンク上部と天井面との間には100cm以上**の保守点検スペースを設ける。

(3) **排水用水中モーターポンプ**は，流入汚水の落ち込みによる**空気の巻き込みを防止するため**，**排水流入口から離れた場所**にピットを設けてその壁から20cm程度離して設置する。

(4) **軽量鉄骨ボード壁に洗面器を取り付ける場合**は，あらかじめ鉄板，アングル加工材や堅木の当て板などを取付け，バックハンガーを所定の位置に取付用ビスやAYボルトなどで固定する。

解答 (3)

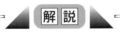

機器の据付けに関する記述のうち，**適当でないもの**はどれか。

(1) 飲料用受水タンク上部と天井との距離を，100cmとした。

(2) 汚物排水槽に設ける排水用水中モーターポンプは，点検，引上げに支障がないように，点検用マンホールの真下に設置した。

(3) ビル用マルチエアコン室外機は，排出された高温空気がショートサーキットしないように，周囲に十分な空間を確保して設置した。

(4) 壁付洗面器を軽量鉄骨ボード壁に取り付ける場合は，あと施工アンカーでバックハンガーを所定の位置に固定した。

解説

(1) 飲料水用受水タンク上部と天井面との間には，**100cm以上**の保守点検スペースを設ける。

(2) **点検用マンホール**は，ポンプの引き上げや点検が容易に行えるように水中ポンプの直近で，作業空間が確保できる位置に設ける。

(3) **ビル用マルチエアコン室外機**を複数台設置する場合などは，室外機から排出された高温の空気が室外機の空気取入口にショートサーキットしないよう壁や加工から距離をとる。

(4) **軽量鉄骨ボード壁に洗面器**を取り付ける場合は，あらかじめ鉄板，アングル加工材や堅木の当て板を取付け，バックハンガーを所定の位置に<u>ビスや AY ボルトなどで固定</u>する。

解答　(4)

機器の据付け全般 3

重要問題68

機器の据付けに関する記述のうち，**適当でないもの**はどれか。

(1) 吸収冷温水機は，据付け後に工場出荷時の気密が保持されているか確認した。

(2) 大型ボイラーを,床スラブ上に打設した無筋コンクリート基礎上に固定した。

(3) 飲料用受水タンクを，高さ60cmの梁形コンクリート基礎上に据え付けた。

(4) 呼び番号 4 の天井吊り送風機を，形鋼製のかご型架台上に据付け，架台はアンカーボルトで上部スラブに固定した。

解説

(1) **吸水冷温水機**は，機内の真空状態により，性能・機能・耐久性などが大きく影響を受けるため，据付け後に工場出荷時の気密が保持されているか確認する必要がある。

(2) 大型ボイラーなど**大型重量機器の基礎**は，<u>鉄筋コンクリート製</u>とし，躯体の鉄筋と基礎の鉄筋に溶接又は緊結させて，基礎コンクリートを打設する。

(3) **飲料用受水タンク**は，汚染防止や保守点検のため周囲，天井及び底の外周部に十分な空間を取る必要がある。そのため飲料用受水タンクは，高さ50 cm程度のコンクリートの独立した基礎の上に鋼製架台で底部より60cm以上の空間を確保して，水平にかつ堅固に据え付ける。

(4) **呼び番号 2 以上の天井吊り送風機**は，形鋼でかご型に溶接した架台上に据

付け，その架台は吊り下げ荷重・地震力に耐えるようスラブ鉄筋に緊結したアンカーボルトで固定する。

解答 （2）

 関連問題

機器の据付けに関する記述のうち，**適当でないもの**はどれか。

(1) 揚水ポンプの吐出し側に，ポンプに近い順に，防振継手，仕切弁，逆止め弁を取り付けた。

(2) 飲料用受水タンクの上部に，空調配管，排水管等を設けないようにした。

(3) パッケージ形空気調和機の屋外機の騒音対策として，防音壁を設置した。

(4) 飲料用受水タンクを高さ60cmの梁形コンクリート基礎上に据え付けた。

▶◀ 解説 ▶◀

(1) 防振継手，逆止め弁の点検をする際に，管内の水を抜かなくてもよいように，**揚水ポンプの吐出し側より防振継手，逆止め弁，仕切弁の順に**取り付ける。

(2) 飲料用受水タンクの上部には，空調配管，排水管やダクトなどのものは設けずに，やむを得ない場合は汚染されないような措置をとる。

(3) パッケージ形空気調和機の屋外機の音が周囲に対して迷惑にならないようにするため，設置場所を検討するとともに，防音壁による対策も行う。

(4) 飲料用受水タンクは，汚染防止や保守点検のため，十分な空間が必要である。そのため，高さ50cm程度の梁形コンクリート基礎上に据え付ける。

解答 （1）

工事施工：配管・ダクト

給水管及び排水管の施工

重要問題69

給水管及び排水管の施工に関する記述のうち，**適当でないもの**はどれか。

(1) 横走り給水管から枝管を取り出す際に，配管の上部から取り出した。

(2) 便所の床下排水管は，勾配を考慮して，排水管を給水管より優先して施工した。

(3) 飲料用冷水器の排水は，雑排水系統の排水管に直接接続した。

(4) 横走り給水管の管径を縮小する際に，径違いソケットを使用した。

解説

(1) 横走り給水管は床下に配管し，床上に設置する器具に接続する給水枝管の空気抜きを容易に行えるように，**横走り給水管の上部から取り出して分岐す**る。

(2) 便所の床下のように各種配管が交差する場所では，排水横管の勾配を確保するため，**他の配管に優先して配管する。**

(3) 飲料水，食物や食器などを取り扱う**飲料用機器からの排水**は，排水管に直結すると排水管が詰まった場合に汚水が逆流し非衛生的となる。そのため排水は，**排水管に直結しないで**間接排水とし，排水空間を設けてあふれ縁より高い位置で開放しなければならない。

(4) 給水管の管径を縮小する場合は，**径違いソケットを使用し**，ブッシングは使用しない。

解答 （3）

 関連問題

配管の施工に関する記述のうち，**適当でないもの**はどれか。

(1) 排水立て管は，下層階に行くに従い，途中で合流する排水量に応じて管径を大きくする。
(2) ループ通気管は，最上流の器具排水管を接続した排水横枝管の下流直後から立ち上げる。
(3) 汚水槽の通気管は，単独で外気に開放する。
(4) 飲料用受水タンクのオーバーフロー排水は，間接排水とする。

 解説

(1) **排水立て管の管径**は，**最も大きな排水負荷を負担する立て管最下部の管径**をもって最上部まで立ち上げる。
(2) **ループ通気管方式**は，排水横枝管の最上流の器具排水管接続点の直後の下流より通気管を立ち上げて，通気立て管または伸頂通気管に接続または大気に開放するものである。
(3) **汚水槽の通気管**は，排水の流入，流出を考慮して管径50mm以上で単独で大気中に開放する。
(4) 受水槽及び高置水槽の**オーバーフロー管**は，排水系統からの逆流等による汚染を防止するために，管端を間接排水とし，管端開口部には，虫などの衛生上有害なものが入らないように金網（防虫網）などを設ける。

解答 (1)

各種配管の施工

重要問題70

配管の施工に関する記述のうち，**適当でないもの**はどれか。

(1) 塩化ビニルライニング鋼管の切断後，管端部の面取りを鉄部が露出するまで確実に実施した。
(2) 塩化ビニル管を接着（TS）接合する際に，受け口及び差し口に接着剤を

均一に塗布した。

(3) 鋼管のねじ接合後，余ねじ部を油性塗料で防錆（せい）する際に，余ねじ部の切削油をふき取った。

(4) 鋼管の溶接接合は，開先加工を行い，ルート間隔を保持して，突合せ溶接で施工した。

解説

(1) **塩化ビニルライニング鋼管**は，接続のときコアがスムーズに入るようにスクレーパ等を用いてライニング部分を面取りするが，**削りすぎて鉄部を露出させてはならない**。

(2) **塩化ビニル管を接着（TS）接合**する際は，受け口内面及び差し口外面に接着剤を刷毛でうすく均一に塗り，素早く差し口を受け口に一気にひねらずに差込み，呼び径50以下は30秒以上，呼び径65以上は60秒以上そのまま押さえておく。

(3) **鋼管の余ねじ部を油性塗料で防錆**（せい）**する**際は，切削油があると油性塗料に塗りむらが生じるため，切削油は拭き取らなければならない。

(4) **鋼管の溶接方法**には，突合せ溶接の他に差込み型やフランジ形を利用したすみ肉溶接などがある。

解答　(1)

関連問題

　配管の施工に関する文中，□□□内に当てはまる語句の組合せのうち，**適当なもの**はどれか。

　樹脂ライニング鋼管を切断する場合は，高速に切断できて切断精度がよい　A　などを使用し，　B　などは使用してはならない。

	(A)	(B)
(1)	バンドソー	パイプカッター
(2)	バンドソー	丸のこ盤
(3)	高速カッター	パイプカッター
(4)	高速カッター	丸のこ盤

169

樹脂ライニング鋼管の切断は，**バンドソー**（帯のこ）や丸のこ，金のこで管軸に**直角**に切断する。**パイプカッター**のように管径を絞るもの，ガス切断や切断砥石のように発熱するもの，チップソーカッターのように切粉を多く発生するものは使用できない。

解答　(1)

配管に設ける弁類

重要問題71

　配管系に設ける弁類に関する記述のうち，**適当でないもの**はどれか。
(1)　給水管の流路を遮断するための止め弁として仕切弁を使用する。
(2)　揚水管の水撃を防止するためにスイング式逆止め弁を使用する。
(3)　配管に混入した空気を排出するために自動空気抜き弁を使用する。
(4)　ユニット形空気調和機の冷温水流量を調整するために玉形弁を使用する。

解説

(1)　**仕切弁**は，基本的に全開や全閉の状態で使用し，管路の遮断用の止め弁として用いる。急速又は頻繁に開閉操作を行わない管路で使用する。

(2)　**スイング式逆止め弁**は，弁体が流量の停止とともに自重により下がり，逆圧により弁箱弁座面に圧着して流体を封止するもので，**全開から全閉までに時間がかかり，逆流を発生させ，その逆流が弁の閉鎖によって消滅するとき，大きな水撃（ウォーターハンマ）として現れる**。

(3)　**自動空気抜き弁**は，配管に混入した空気を自動的に排出する目的で使用される。空気が溜まりやすい配管の頂部に取付け空気を排出する。

(4)　**ユニット形空気調和機の冷温水流量の調整**は，電動二方弁又は電動三方弁を使用する。外形構造から分類して，**玉形弁**が多く使用されている。

解答　(2)

配管の施工に関する記述のうち，**適当でないもの**はどれか。

(1) フレキシブルジョイントは，温水配管の収縮を吸収するために使用される。

(2) 給水配管において，電位差が大きい異種金属を接合する場合は，絶縁フランジなどによる措置が必要である。

(3) さや管ヘッダー配管方式のさや管と実管を同時に施工してはならない。

(4) ポンプ振動の配管への伝播を防止するためには，防振継手を設ける。

解説

(1) **フレキシブルジョイント**は，主に管と直角方向の変位を吸収させるための継手である。また，温度変化によって生じる配管の歪みと配管の伸縮を吸収するためには，**伸縮継手**を用いる。

(2) 給水配管において，「鋼とステンレス」や「鋼と銅」のように，イオン化傾向が大きく異なる**金属異種管の接合**する場合は，管内流体を伝わって腐食電流が流れるので，絶縁部の長い絶縁フランジを使用する。

(3) **さや管ヘッダー配管方式**は，樹脂製のさや管の中に実管となる給水管を通す二重構造の配管工法である。この実管も樹脂製で曲げやすく**内装工事終了後に実管を通す**ため，配管への釘打ちなど，他業種とのトラブルも低減でき，将来の給水管の更新工事も容易である。

(4) ポンプからの振動の伝播を防止するために，ポンプの吸込み側と吐出し側に配管と**同口径の防振継手**を取り付ける。

解答 (1)

ダクト全般

重要問題72

ダクトの施工に関する記述のうち，**適当でないもの**はどれか。

(1) 長方形ダクトの長辺と短辺の比は，4 以下とした。

(2) 共板フランジ工法ダクトのフランジは，ダクトの端部を折り曲げて成形し

たものである。

(3) 長方形ダクトの板厚は，ダクトの長辺の長さにより決定した。

(4) 送風機の吐出口直後におけるダクトの曲げ方向は，送風機の回転方向と逆の方向とした。

解説

(1) **長方形ダクトの断面形状**は，強度，圧力損失や加工性の面から，アスペクト比（長辺と短辺の比）は4以下とすることが望ましい。

(2) **共板フランジ工法**は，ダクトの端部を成形加工してフランジにし，組立て時にコーナー金具を取り付け，四隅のボルト・ナットと専用フランジ押さえ金具で接続する工法である。

(3) **長方形ダクトの板厚**は，同一板厚では長辺の方が短辺より弱いので，長辺の寸法を基に決める。

(4) 送風機の吐出口直後における**ダクトの曲げ方向**は，出来るだけ**送風機の回転方向に逆らわない方向**とする。

解答 (4)

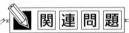 **関連問題**

ダクトの施工に関する記述のうち，**適当でないもの**はどれか。

(1) スパイラルダクトの差込み接合では，継手，シール材，鋼製ビス，ダクト用テープを使用する。

(2) 2枚の鉄板を組み合わせて製作されるダクトは，はぜの位置によりL字型，U字型などがある。

(3) リブ補強は，ダクトの板振動による騒音を防止するために設ける。

(4) 長方形ダクトは，アスペクト比を変えても圧力損失は変わらない。

 解説

(1) **スパイラルダクトの差込み接合**は，継手の外面にシール材を塗布して直管に差込み，鋼製ビス止めして，その上をダクト用テープで差込み長さ以上の外周を二重巻きにする。

(2) **長方形ダクトのかどの継目**は，ダクトの寸法，使用鉄板の大きさによりシングル型，L字型，U字型やループ型がある。**2枚の鉄板を組み合**

わせたダクトでは，はぜの位置によりL字型とU字型がある。
(3)　ダクトの板振動による騒音を防止するために，長辺が450mmを超える
　保温を施さないダクトには，300mm以下の間隔で**補強リブ**を入れる。
(4)　**長方形ダクト**は，断面積が同じ場合でもアスペクト比を大きくする
　と，ダクトの周長が長くなり単位摩擦抵抗が大きく，**圧力損失が大きく**
　なる。

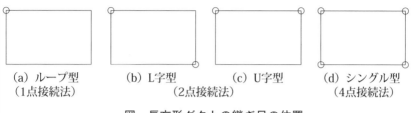

| (a) ループ型 | (b) L字型 | (c) U字型 | (d) シングル型 |
| (1点接続法) | （2点接続法） | | (4点接続法) |

図　長方形ダクトの継ぎ目の位置

解答　(4)

ダクト及びダクト付属品の施工１

重要問題73

　ダクト及びダクト付属品の施工に関する記述のうち，**適当でないもの**はどれ
か。
⑴　変風量（VAV）ユニットの入口側に，整流のためのダクト直管部を設け
た。
⑵　風量測定口は，風量調整ダンパ下流の気流が整流されたところに設けた。
⑶　ユニバーサル形吹出口は，天井の汚れを防ぐため，天井と吹出口上端との
　間隔を150mm以上離して取り付けた。
⑷　防火区画と防火ダンパとの間の被覆をしないダクトは，1.2mmの鋼板製
　とした。

解説

⑴　変風量（VAV）ユニットは，ダクトの整流部に取付け，風量制御特性を安
　定させる必要があり，ユニットの入口にはダクト幅の４倍程度の直管部を設
　ける。直管部を設けられない場合は，ダクトのエルボはベーン付きとする。

(2) **風量測定口**は，ダクト幅の 6 倍以上の直線部の後の気流が整流される部分に設ける。

(3) **ユニバーサル形吹出口**は，誘引作用による天井面の汚れを防止するために，天井面と吹出口上端との間隔を150mm以上離して取り付ける。

(4) 防火区画と防火ダンパとの間の**被覆をしないダクト**は，**1.5mm以上の鉄板**でつくるか，鉄網モルタル塗りなど**不燃材料**で被覆する。

解答 （4）

関連問題

ダクト及びダクト付属品の施工に関する記述のうち，**適当でないもの**はどれか。

(1) ダクトの断面を拡大，縮小する場合の角度は，圧力損失を小さくするため，拡大は15°以下，縮小は30°以下とする。

(2) 防火区画貫通部と防火ダンパとの間のダクトは，厚さ1.5mm以上の鋼板製とする。

(3) 防火ダンパは，火災による脱落がないように，小型のものを除き，2点吊りとする。

(4) 浴槽の排気ダクトは，凝縮水の滞留を防止するため，排気ガラリに向けて下り勾配とする。

解説

(1) ダクトの拡大，縮小では，拡大の方が，空気の渦やはく離が生じやすく圧力損失が大きいので，**拡大部は15°以下，縮小部は30°以下**とする。

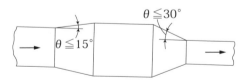

$\theta \leqq 30°$

$\theta \leqq 15°$

図 ダクトの拡大・縮小

(2) **防火区画貫通部と防火ダンパとの間のダクトは，厚さ1.5mm以上の鋼板製**または鉄網モルタル塗など不燃材料で被膜する。

(3) **防火ダンパを防火壁の外に取り付ける場合は，小型のものは2点吊**

り，**大型のものは 4 点吊り**で，取り付ける。

(4) 浴槽の排気ダクトは，凝縮水の滞留を防止するため，排気ガラリか吸込口に向けて下り勾配とする。

解答　(3)

ダクト及びダクト付属品の施工 2

重要問題74

ダクト及びダクト付属品の施工に関する記述のうち，**適当でないもの**はどれか。

(1) 500㎜×500㎜の換気用ダクトが振動しないよう，リブで補強した。

(2) 消音エルボの消音内貼材に，ポリスチレンフォーム保温板を用いた。

(3) 天井内に設置した防火ダンパの保守点検が可能なように，天井に点検口を設けた。

(4) 変風量ユニット（VAV）の上流側に，整流となるようダクトの直管部分を設けた。

解説

(1) ダクトの**板振動による騒音**を防止するために，長辺が450㎜を超える保温を施さないダクトには，300㎜以下の間隔で**補強リブ**を入れる。

(2) **グラスウールやロックウール**など通気性のある材料に音波が入射すると，材料内部で空気の粘性による摩擦が発生し，また繊維自体も振動するので，音のエネルギーの一部が熱エネルギーに変換されて，**吸音効果が生まれる**。

　　しかし，**ポリスチレンフォーム保温板**は，**通気性がないため，吸音材には不適**である。

(3) **防火ダンパを天井内や壁内に隠ぺい**して取り付ける場合は，保守点検が容易に行えるように 1 辺の長さが**45cm以上の点検口**を設ける。

(4) 変風量ユニット（VAV）の入口（上流側）には，ダクト幅の 4 倍程度以上の直管部分を設けて，整流部にユニット本体を取り付ける。

解答　(2)

関連問題 1

　ダクト及びダクト付属品の施工に関する記述のうち，**適当でないもの**はどれか。

(1)　消音エルボや消音チャンバーの消音材には，グラスウール保温材を用いる。

(2)　ダクトの割込み分岐の割込み比率は，風量の比率により決める。

(3)　亜鉛鉄板製スパイラルダクトは，一般に，補強は不要である。

(4)　アングルフランジ工法ダクトは，長辺が大きくなるほど，接合用フランジ最大取付け間隔を大きくすることができる。

解説

(1)　グラスウールやロックウールなどの通気性のある材料に音波が入射すると，材料内部で空気の粘性による摩擦が発生し，また繊維自体も振動するので，音のエネルギーの一部が熱エネルギーに変換されて，吸音効果が生まれる。そのため**消音エルボや消音チャンバーの消音材**に，**グラスウール保温材が適している**。

(2)　長方形ダクトの分岐には，割込み分岐と片テーパー付き直角分岐がある。主ダクトや分岐流に精度を要する場合には割込み分岐が用いられ，**割込み比率は風量の比率で決められる**。

(3)　亜鉛鉄板製スパイラルダクトは，帯状の亜鉛鉄板をスパイラル状に甲はぜ機械掛けしたもので，板厚は薄いが**甲はぜが補強の役割**をはたし強度が高い。

(4)　**アングルフランジ工法によるダクト**は，長辺が大きくなるほど，つぶれや膨らみによる空気漏れのおそれがあるため，接合用フランジの**最大取付け間隔を小さく**する必要がある。

解答　(4)

ダクト及びダクト付属品の施工に関する記述のうち，**適当でないもの**はどれか。

(1) 長方形ダクトの板厚は，ダクトの周長により決定する。
(2) 長方形ダクトのエルボの内側半径は，ダクト幅の 1 / 2 以上とする。
(3) ダクトの断面を縮小するときは，30°以内の角度で縮小させる。
(4) 浴室等の多湿箇所の排気ダクトは，継手及び継目の外側からシールを施す。

(1) **長方形ダクトの板厚**は，構造的強度を決める要素であり，同一板厚では長辺の方が短辺より弱いので，**板厚は長辺の寸法を基に決める**。

(2) 長方形ダクトのエルボの**内側半径**は，小さいと乱流を生じ圧力損失や騒音が大きくなる恐れがあるので，ダクト半径方向の幅の 1 / 2 以上とする。

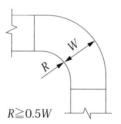

$R \geqq 0.5W$

図　エルボの内側半径

(3) **ダクトの断面を変化**させるときは，圧力損失を少なくするため急激な変化を避け，拡大部は15°以内，**縮小部は30°以内**とする。

(4) **厨房や浴室のダクトの継目**は，ダクト内の油や結露水の漏えい防止のため，できるだけダクトの下面にならないように施工し，**継目及び継手の外側よりシール材でシールを施す**。

解答　(1)

第7節　その他の工事施工

保温・塗装

重要問題75

保温・保冷及び塗装に関する記述のうち，**適当でないもの**はどれか。

(1) 冷温水配管の支持部には，合成樹脂製の支持受けを使用する。

(2) グラスウール保温材は，ポリスチレンフォーム保温材に比べ，防湿性がよい。

(3) 亜鉛めっきが施されている鋼管に塗装を行う場合は，下地処理としてエッチングプライマーを使用する。

(4) アルミニウムペイントは，耐水性，耐候性及び耐食性がよく，蒸気管や放熱器の塗装に使用される。

解説

(1) 冷水及び冷温水配管の吊りバンドなどの支持部には，結露防止のため**防湿加工を施した合成樹脂製支持受けを使用**する。

(2) **ポリスチレンフォーム保温材**は，独立気泡構造をしているので防湿性がよく，吸水・吸湿がほとんどないので，**水分による断熱低下は小さい**。一方，**グラスウール保温材**は，**不規則に重なり合った繊維の間に空気が存在するため防湿性が悪い**。

(3) 亜鉛の上に直接塗料を塗布すると塗料がはく離するので，亜鉛めっきが施されている鋼管やダクトは，塗装の密着性を良くするため，表面処理剤を用いて必ず下地処理を行う。**エッチングプライマー**は，亜鉛めっき面の下地処理剤として用いられる。

(4) **アルミニウムペイント**は，銀ペンとも呼ばれ，耐水性，耐候性及び耐食性がよく，屋外オイルタンク，蒸気管，トラップや放熱器などの塗装に使用される。

解答　(2)

関連問題

保温・塗装工事に関する記述のうち，**適当でないもの**はどれか。

(1) 屋外の外装金属板の継目は，シーリング材によりシールを施す。

(2) 機器廻り配管の保温・保冷工事は，水圧試験後に行う。

(3) ロックウール保温材は，グラスウール保温材に比べ，使用できる最高温度が低い。

(4) アルミニウム面やステンレス面は，一般に，塗装を行わない。

解説

(1) 屋外及び屋内多湿箇所の金属外装材は，管の場合は，はぜ掛けまたはボタンはぜ，曲り部はえび状または整形カバーとし，**継目部をシーリング材にてシール**する。

(2) 配管の保温・保冷工事を水圧試験前に行うと，漏水があった場合に漏れ箇所の特定が困難となるので，保温・保冷工事は，**水圧試験完了後**に行う。

(3) 熱間収縮温度は，**ロックウール保温材で400℃〜650℃**，グラスウール保温材で250℃〜400℃であり，**ロックウール保温材の方がグラスウール保温材より耐熱性に優れている**。

(4) アルミニウム，ステンレス，銅や合成樹脂製などの面は，素材特性から特に**塗装の必要がない**ので，一般に塗装は行わない。

解答　(3)

防食

重要問題76

防食に関する文中，　　　　内に当てはまる語句として，**適当なもの**はどれか。

建築物に使用される鋼材は，鉄よりもイオン化傾向が大きい　　　　で表面を被覆することにより腐食を防止している。

(1) 亜鉛

(2) ニッケル

(3) 錫

(4) 銅

解説

鋼材の防食のため亜鉛めっきが多く用いられる。めっき表面にできる酸化皮膜は，空気や水を通しにくく安定している。また，**亜鉛は鉄よりもイオン化傾向が大きいため**，亜鉛めっきに傷ができ鉄が露出しても，傷の周囲の亜鉛が電気化学的に保護して，鉄を腐食させない作用がある。

解答　(1)

関連問題

腐食に関する文中，□□□内に当てはまる語句の組合せとして，**適当なものはどれか。**

地中に埋設された外面被覆されていない鋼管が建物に貫入する場合，コンクリート壁内の鉄筋と接触すると電位差を生じ，□A□に腐食電流が流れ，□B□が腐食する。

	(A)	(B)
(1)	地中から鋼管	鉄筋
(2)	地中から鋼管	鋼管
(3)	鋼管から地中	鉄筋
(4)	鋼管から地中	鋼管

解説

地中埋設鋼管の電位とコンクリート中の鉄筋の電位が異なるため，配管が鉄筋に接触すると電池となり，**鋼管から地中に腐食電流が流れ，陽極側の地中埋設鋼管が腐食する。**この現象を**マクロセル腐食**という。

解答　(4)

異種管との接合方法

重要問題77

接合する異種管と接合方法の組合せに関する記述のうち，**適当でないものはどれか。**

（接合する異種管）　　　　　　　　　　　　　（接合方法）

(1)　配管用炭素鋼鋼管と塩化ビニル管 ——————— ユニオン接合

(2)　配管用ステンレス鋼鋼管と配管用炭素鋼鋼管 ——— 絶縁フランジ接合

(3)　銅管と配管用ステンレス鋼鋼管 ——————————— ルーズフランジ接合

(4)　配管用炭素鋼鋼管と銅管 ————————————————— フレア接合

解説

(1)　配管用炭素鋼鋼管と塩化ビニル管の接合は，鋼管ねじ部に鋼管用ソケットをねじ込み，鋼管用ソケットにバルブソケットをねじ込み，塩化ビニル管の接合する方法と，**一方の管にユニオンねじ，他方の管にユニオンつばを取り付け，両者をユニオンナットで結合**する方法の2通りがある。

(2)　配管用ステンレス鋼鋼管と配管用炭素鋼鋼管の接合は，電位差が大きいので電気的に絶縁する必要があり，**絶縁フランジ**を用いて異種金属接触腐食（ガルバニック腐食）が生じないようにする。

(3)　配管用ステンレス鋼鋼管と銅管の接合は，**ルーズフランジ**を用いるか，銅管にねじアダプターを取付け，**おねじ付きソケット**をねじ込み，ステンレス鋼管を接合する。

(4)　**配管用炭素鋼鋼管と銅管の接合**も電位差が大きいので電気的に絶縁する必要があり，**絶縁フランジ**を用いて異種金属接触腐食（ガルバニック腐食）が生じないようにする。

解答　(4)

 関連問題

　異種管の接合に，絶縁継手を必要とする配管の組合せとして，**最も適当なもの**はどれか。

(1)　鋼管と鋳鉄管

(2)　鋼管とビニル管

(3)　ステンレス鋼管と鋼管

(4)　ステンレス鋼管と銅管

 解説

表　ステンレス鋼管と異種管との直接接合の可否

接続する相手の材質	直接接続の可否	備　　考
銅　　管 青　銅　管	○	電位が近似しているので,実用的に問題なし。
鉛　　管	○	はんだ成分に鉛を含有しており表面が不働態化されているので問題なし。
硬質塩化ビニル管	○	樹脂が電気の不良導体であるので問題なし。
炭素鋼管（亜鉛メッキ鋼管含む）,鋳鉄,鋳鋼類	×	電位差が大きいので電気的に絶縁する必要がある。
黄　銅　管	×	電位差が大きいので,電気的に絶縁する必要がある。
耐脱亜鉛黄銅	○	従来は電位差が大きいので,電気的に絶縁する必要があるとしていたが,最新の研究結果によれば,青銅と同じ扱いが可能。

（○：直接接続可,絶縁不要　×：直接接続不可,絶縁が必要）

(3) **異種金属の接触腐食**は,**銅と鋼**又は**ステンレスと鋼**などの金属を組み合せた場合にそれぞれの電極電位により電池を形成し,その陽極（＋）側の金属が腐食する現象をいい,ガルバニック腐食と呼ばれる。2つの金属の電位差が大きいほど,腐食速度は大きくなるので,絶縁継手を介して取り付ける必要がある。

ステンレス鋼管と鋼管の組合せは,イオン化傾向が大きく異なるものの組合せである。

解答　(3)

配管の識別

重要問題78

JIS に規定されている配管の識別表示について,物質の種類と識別色の組合せのうち,**誤っているもの**はどれか。

（物質の種類）　　　　　　　（識別色）

(1) 水―――――――――青色

(2) 蒸気―――――――――暗い赤色

(3) 油 ——————————— 灰色
(4) ガス ——————————— うすい黄色

解説

　機器や配管・ダクトなどは保守点検のために，文字記入や色分けなどで識別する。配管は，一般に系統名，名称，流れの方向の矢印などを表示するが，**識別色だけによる場合もある**。識別色は，JIS に規定されていて，表のように色分けされている。**油の識別色は，茶色**である。

表　識別色一覧

物質の種類	識別色
水	青
蒸気	暗い赤
空気	白
ガス	うすい黄
酸又はアルカリ	灰紫
油	茶色
電気	うすい黄赤

解答　(3)

　JIS に規定されている配管系の識別表示において，管内の「物質等の種類」とその「識別色」の組合せのうち，**適当でないもの**はどれか。

　　（物質等の種類）　　（識別色）
(1) 水 ——————— 青
(2) 油 ——————— 白
(3) ガス ——————— うすい黄
(4) 電気 ——————— うすい黄赤

(2) 配管の識別表示について**油の識別色は，茶色**であり，白色は空気である。

解答　(2)

第8章 施工管理法

関連問題 2

　JIS に規定されている配管の識別表示において，物質の種類と識別色の組合せのうち，**適当でないもの**はどれか。

（物質の種類）　　（識別色）
(1)　油 ——————— 茶色
(2)　ガス ——————— うすい黄
(3)　蒸気 ——————— 暗い赤
(4)　水 ——————— 白

解説

(4)　配管の識別表示において，**水の識別色**は，**青色**である。

解答　(4)

多翼送風機の試運転調整

重要問題79

　多翼送風機の試運転調整に関する記述のうち，**適当でないもの**はどれか。
(1)　手元スイッチで瞬時運転し，回転方向が正しいことを確認する。
(2)　Ｖベルトの張り具合が，適当にたわんだ状態で運転していることを確認する。
(3)　軸受の注油状況や，手で回して，羽根と内部に異常がないことを確認する。
(4)　風量調整ダンパが，全開になっていることを確認してから調整を開始する。

解説

多翼送風機の**試運転調整項目と実施順序**は，次の通りである。
①　軸受の注油を確認する。
②　水平度，アンカーボルト，防振，たわみ継手などの**据付け状態を点検**する。
③　Ｖベルトの張力側が下側にあるか，指で押すとベルトが少したわんでベ

184

ルトを横向きにできる程度に張られているかなど，Vベルトの張り具合を
点検・調整する。
④ 送風機を手で回して，羽根と内部に異状がないかを確認する。
⑤ 多翼送風機の場合，**吐出ダンパを全閉**にして調整を開始する。
⑥ 手元スイッチで瞬時運転し，**回転方向を確認**する。
⑦ 吐出ダンパを徐々に開いて風量測定口で計測し，過電流に注意しながら
規定の風量に調整する。
⑧ 軸受温度を点検する。原則として，周囲空気温度より40℃未満とする。
⑨ 異常音，異常振動が無いことを確認する。

解答 （4）

多翼送風機の試運転調整項目のAからDまでの実施順序として，**適当
なもの**はどれか。

A：手元スイッチで瞬時運転し，回転方向を確認する。
B：Vベルトの張りを確認する。
C：軸受け温度を測定する。
D：吐出し側の風量調整ダンパを徐々に開いて，規定風量になるよう
　　に調整する。

(1) A→B→C→D
(2) A→B→D→C
(3) B→A→C→D
(4) B→A→D→C

(4) 出題の試運転調整4項目では，**Vベルトの張り・手元スイッチで瞬時
運転・吐出し側の風量調整ダンパ・軸受けの温度**の順に実施する。

解答 （4）

関連問題2

多翼送風機の試運転調整に関する記述のうち，**適当でないもの**はどれか。

(1) Vベルトの張り具合は，たわみ量が適正値に収まるように調整する。

(2) 送風機の軸を手で回し，接触や異常音がなく円滑に回転することを確認する。

(3) 吐出し側の風量調整ダンパを全開の状態から徐々に絞って，規定風量になるように調整する。

(4) 瞬時運転を行い，回転方向が正しいことを確認する。

(3) 吐出しダンパは**全開の状態**から**徐々に開いて**風量測定口で計測し，過電流に注意しながら規定の風量になるように調整する。

解答 (3)

渦巻ポンプの試運転調整

重要問題80

渦巻ポンプの試運転調整に関する記述のうち，**適当でないもの**はどれか。

(1) 定規などを用いて，カップリングの水平度を確認する。

(2) 瞬時運転を行い，回転方向を確認する。

(3) 吐出し側の弁を閉じた状態で起動し，電流計を確認しながら徐々に弁を開いて水量を調整する。

(4) グランドパッキン部からの漏水がないことを確認する。

解説

渦巻ポンプの**試運転調整と実施順序**は，次の通りである。

① 冷却塔，膨張タンク，呼び水じょうご等により注水して，配管機器のエア抜きと配管系の満水状態を確認する。

② 吐出し側弁を全閉とし，手元スイッチで瞬時運転し，**回転方向を確認**する。

③　吐出し側弁を徐々に開いて，流量計により（流量計がない場合は，試験成績表の電流値を参考にする）過電流に注意しながら**規定水量**に調整する。

④　グランドパッキン部からの<u>水滴の滴下量が適切か</u>確認する。**メカニカルシール方式では漏水量はほとんどない**。

⑤　軸受温度を点検する。原則として，周囲空気温度より40℃未満とする。

⑥　キャビテーション，サージング現象の無いことを確認する。

⑦　異常音，異常振動が無いことを確認する。

(1)　ポンプのレベルチェックは，ポンプとモータの軸が水平かどうか，**カップリング面**，ポンプの吐出し及び吸込みフランジ面の水平及び**垂直**を水準器などで確認する。

(4)　ポンプを運転する場合は，グランドパッキン方式ではグランドパッキン部から**連続滴下程度**の水が外部に漏れる状態に保つ必要があり，締めすぎるとパッキンが発熱して寿命が短くなる。

解答　(4)

　渦巻ポンプの試運転調整に関する記述のうち，**適当でないもの**はどれか。

(1)　呼水栓等から注水してポンプ内を満水にすることにより，ポンプ内のエア抜きを行う。

(2)　吸込み側の弁を全開にして，吐出し側の弁を閉じた状態から徐々に弁を開いて水量を調整する。

(3)　メカニカルシール部から一定量の漏れ量があることを確認する。

(4)　瞬時運転を行い，ポンプの回転方向と異常音や異常振動が無いことを確認する。

解説

(3)　グランドパッキン部からの水滴の滴下量が適切か確認するが，**メカニカルシール方式では滴下量は1.2mℓ／日程度**で，ほとんどない。

解答　(3)

測定対象と測定機器

重要問題81

測定対象と測定機器の組合せのうち，**適当でないもの**はどれか。

（測定対象）	（測定機器）
(1) 風量 ————————	熱線風速計
(2) 流量（石油類）————	容積流量計
(3) 騒音 ————————	検知管
(4) 圧力 ————————	マノメータ

解説

(1) ダクト内などの**風量測定**は，ダクトを等断面積に区分し，風量測定口からそれぞれの中心風速を測定し，平均値を求め，断面積を乗じて風量を求める。その際，風速測定に使用する風速計は，発熱体に気流を当てると冷却され，風速の平方根に比例して抵抗が変化することを利用した**熱線風速計**などを用いる。

(2) **容積流量計**は，流れに伴って回転する回転子あるいは往復する運動子の運動回数を数えて流量を求めるものである。特に**石油類**では**多数使用**されている。

(3) **騒音の測定**は，JIS で規定されている<u>サウンドレベルメータ</u>が使用される。また，**検知管**は気体を直接吸引し，管内の薬品の変色で対象とする**気体の濃度**を測定する。

(4) **U字管マノメータ**は，液柱の高さの差から圧力差を求める圧力計である。空調機やダクト内などの**圧力測定**に用いる。

解答 (3)

関連問題 1

室内環境の測定対象と測定機器の組合せのうち, **適当でないもの**はどれか。

(測定対象)　　　　　(測定機器)
- (1)　風量 ———————— 熱線風速計
- (2)　二酸化炭素 ———— 検知管
- (3)　温湿度 ———————— アスマン通風乾湿計
- (4)　騒音 ———————— マノメータ

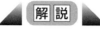

- (4)　**騒音の測定**は, JIS で規定されている**サウンドレベルメータが使用される。**
マノメータは圧力計の一つで, 気体や液体の圧力を測定する装置である。

解答　(4)

関連問題 2

次の「配管」と「試験方法」の組合せのうち, **適当でないもの**はどれか。

(配管)　　　　　(試験方法)
- (1)　給水管 ———————— 水圧試験
- (2)　排水管 ———————— 満水試験
- (3)　油管 ———————— 水圧試験
- (4)　冷媒管 ———————— 気密試験

解説

- (1)　給水配管は, 水圧試験を行う。
- (2)　排水配管は, 満水試験を行う。
- (3)　**油配管**は, **空気圧試験**を行う。試験圧力は, 最高使用圧力の1.5倍とし, 保持時間は, 最小30分間とする。
- (4)　冷媒配管は, 窒素ガス, 炭酸ガス, 乾燥空気などを用いて気密試験を行う。

解答　(4)

第9章
法規

安全管理体制

重要問題82

建設工事現場における安全管理体制に関する文中，□□□内に当てはまる「労働安全衛生法」上に定められている数値の組合せとして，**正しいもの**はどれか。

事業者は，労働者の数が常時□A□人以上の事業場においては，安全管理者を選任し，その者に法に定める業務のうち安全に係る技術的事項を管理させなければならない。

また，労働者の数が常時□B□人以上□A□人未満の事業場においては，安全衛生推進者を選任しなければならない。

	(A)		(B)
(1)	50	───	10
(2)	100	───	20
(3)	100	───	50
(4)	200	───	50

解説

「建設業の事業者は，常時**50人以上**の**労働者**を使用する事業場においては，**安全管理者**を選任し，その者に法に定める業務のうち安全に係る技術的事項を管理させなければならない。」（安衛法第11条第1項及び安衛令第3条）

「労働者数が常時**10人以上50人未満**の事業場においては，**安全衛生推進者**を選任しなければならない。」と規定されている。（安衛法第12条の2，安衛則第12条の2）

解答　(1)

関連問題 1

建設業の事業場において，安全衛生推進者が行う業務として，「労働安全衛生法」上，**規定されていないもの**はどれか。

(1) 労働者の危険又は健康障害を防止するための措置に関すること。

(2) 労働者の安全又は衛生のための教育の実施に関すること。

(3) 労働災害の原因の調査及び再発防止対策に関すること。

(4) 労働者の雇用期間の延長及び賃金の改定に関すること。

解説

安全衛生推進者が行う業務には，次の5つがある。（安衛法第10条及び第12条の2）

① 労働者の危険又は健康障害を防止するための処置に関すること。

② 労働者の安全又は衛生のための教育の実施に関すること。

③ 健康診断の実施その他，健康保持増進のための措置に関すること。

④ 労働災害の原因の調査及び再発防止対策に関すること。

⑤ 労働災害を防止するため必要な業務で，厚生労働省で定めるもの。

解答 (4)

関連問題 2

労働者に対する教育に関する文中，□□□内に当てはまる語句の組合せとして，「労働安全衛生法」上，正しいものはどれか。

事業者は，労働者を雇い入れたとき，又は労働者の A を変更したときは，当該労働者に対し，その従事する業務に関する B のための教育を行わなければならない。

	(A)	(B)
(1)	作業場	安全又は衛生
(2)	作業内容	技術の習得
(3)	作業内容	安全又は衛生
(4)	作業場	技術の習得

就業制限

重要問題83

次のうち，「労働安全衛生法」上，作業主任者の**選任を必要としない**作業はどれか。
(1) 石綿が0.5％含まれている保温材の除去作業
(2) つり上げ荷重が2トンの移動式クレーンの玉掛け作業
(3) 床下ピット内部での配管作業
(4) アセチレン溶接装置を用いて行う金属の溶接作業

解説

作業主任者の選任を必要とする作業は，次のように規定されている。
（安衛令第6条（抜粋））
① 高圧室内作業
② アセチレン溶接装置またはガス集合溶接装置を用いて行う**金属の溶接，溶断又は加熱の作業**
③ ボイラー（小型ボイラーを除く）の取扱いの作業
④ 掘削面の高さが2m以上となる地山の掘削（ずい道及び立坑以外の坑の掘削を除く）の作業
⑤ 土止め支保工の切りばり又は腹起しの取付け又は取外しの作業
⑥ 型枠支保工の組立て又は解体の作業
⑦ つり足場，張出し足場又は高さが5m以上の構造の足場の組立て，解体または変更の作業
⑧ コンクリート造の工作物（その高さが5m以上のもの）の解体又は破壊の作業

194

⑨　酸素欠乏個所における作業

⑩　第一種圧力容器の取扱いの作業

⑪　石綿若しくは石綿をその**重量の0.1%を超えて含有**する製剤その他の物を取り扱う作業

(1)　石綿が0.5%含まれている保温材の除去作業は「石綿若しくは石綿をその**重量の0.1%を超えて含有**する石綿等を取り扱う作業」に該当し，作業主任者が必要である（安衛令第6条第二十三号）。

(2)　**つり上げ荷重2トンの移動式クレーンの玉掛け作業**は，就業制限に係る業務として「制限荷重が1t以上の揚貨装置又はつり上げ荷重が1t以上のクレーン，移動式クレーン若しくはデリックの玉掛け業務」にあたり，<u>玉掛技能講習修了者</u>等が業務を行う。（安衛令第20条十六号）

(3)　**床下ピット内部での配管作業**は，「酸素欠乏危険場所における作業」に該当し，作業主任者が必要である。（安衛令第20条十一号）

(4)　アセチレン溶接装置を用いて行う**金属の溶接作業**は，「アセチレン溶接装置又はガス集合溶接装置を用いて行う金属の溶接，溶断又は加熱の作業」に該当し，作業主任者が必要である。（安衛令第20条二号）　　　　解答　(2)

✏️ 関連問題 1

建設工事現場における作業のうち，「労働安全衛生法」上，その作業を指揮する作業主任者の選任が**必要でない作業**はどれか。

(1)　掘削面の高さが2m以上となる地山の掘削（ずい道及びたて坑以外の坑の掘削を除く。）

(2)　高さ5m以上の構造の足場の組立て

(3)　作業床の高さが10m未満の高所作業車の運転（道路上を走行させる運転は除く。）

(4)　ボイラー（小型ボイラーは除く。）の取扱い

◀ 解説 ▶

(3)　**作業高さが10m未満**の高所作業車の運転（道路上を走行させる運転は除く。）は，<u>特別教育を必要とする業務</u>に該当する。（安衛則第36条）

また，作業高さが10m以上の高所作業車の運転（道路上を走行させる運転は除く。）は，**就業制限に係る業務**に該当する。（安衛令第20条15

号）　　　　　　　　　　　　　　　　　　　　　　　解答　（3）

関連問題 2

就業制限に関する文中，　　　　内に当てはまる語句の組合せとして，「労働安全衛生法」上，**正しいもの**はどれか。

工事現場内において，つり上げ荷重が1トン以上5トン未満の移動式クレーンの運転の業務を行う場合，事業者は，　A　の当該業務に係る免許を受けた者又は　A　の登録を受けた者が行う当該業務に係る　B　を修了した者でなければ，当該業務に就かせてはならない。

	(A)	(B)
(1)	都道府県労働局長 ————	特別の教育
(2)	都道府県知事 ————	技能講習
(3)	都道府県知事 ————	特別の教育
(4)	都道府県労働局長 ————	技能講習

解説

つり上げ荷重が1トン以上5トン未満の移動式クレーンの運転業務を行う場合は，「事業者は**都道府県労働局長**の免許を受けた者又は**都道府県労働局長**の登録を受けた者が行う当該業務に係る**技能講習**を修了した者でなければ，当該業務に就かせてはならない。」と規定されている。（安衛法第61条第1項及びクレーン則第68条）

表　就業制限に係る業務内容

業 務 の 区 分	業務に就くことができるもの	条 文
(1)つり上げ荷重が1t未満の移動式クレーンの業務	・特別教育を受けた者	・安衛則第36条第十九号 ・クレーン則第67条
(2)移動式クレーンの業務（つり上げ荷重が1t以上5t未満のもの）	・移動式クレーン運転士免許を受けた者 ・小型移動式クレーン運転技能講習を修了した者	・安衛令第20条第七号 ・クレーン則第68条
(3)移動式クレーンの業務（つり上げ荷重が5t以上のもの）	・移動式クレーン運転士免許を受けた者	・安衛令第20条第七号 ・クレーン則第68条

解答　（4）

労働基準法

休日及び有給休暇

重要問題84

休日及び有給休暇に関する文中，□□□□内に当てはまる「労働基準法」上に定められている数値の組合せとして，**正しいものはどれか**。

使用者は，労働者に対して，毎週少なくとも１回の休日を与えなければならない。ただし，４週間を通じ　Ａ　日以上の休日を与える使用者については，この限りでない。

また，使用者は，雇い入れの日から起算して６箇月間継続勤務し，全労働日の８割以上出勤した労働者（一週間の所定労働時間が厚生労働省令で定める時間以上の者）に対して，継続し，又は分割した　Ｂ　労働日の有給休暇を与えなければならない。

	(A)	(B)
(1)	4 ——	5
(2)	4 ——	10
(3)	6 ——	5
(4)	6 ——	10

解説

「使用者は，労働者に対して，毎週少なくとも１回の休日を与えなければならない。また，**４週間を通じ４日以上の休日**を与える使用者については，この限りでない。」（労基法第35条第１項）

「使用者は，雇い入れの日から起算して６箇月間継続勤務し，全労働日の８割以上出勤した労働者（一週間の所定労働時間が厚生労働省令で定める時間以上の者）に対して，継続し，又は分割した**10労働日の有給休暇**を与えなければならない。」と規定されている。（労基法第39条第１項）

解答　(2)

関連問題 1

休日及び休日の割増賃金に関する文中，[   ]内に当てはまる語句の組合せとして，「労働基準法」上，正しいものはどれか。

使用者は，労働者に対して，毎週少なくとも1回の休日，または4週間を通じ[A]以上の休日を与えなければならない。

また，使用者が，労使の協定の定めによってその休日に労働させた場合は，通常の労働日の賃金の[B]以上の割増賃金を支払わなければならない。

	(A)	(B)
(1)	4 日 ————	2 割
(2)	4 日 ————	3 割 5 分
(3)	6 日 ————	2 割
(4)	6 日 ————	3 割 5 分

解説

「使用者は，労働者に対して，毎週少なくとも1回の休日を与えなければならない。ただし，**4週間を通じ4日以上の休日**を与える使用者については，この限りでない。」（労基法第35条）

また「使用者が，労使の協定の定めによってその**休日に労働**させた場合は，通常の労働日の賃金の**3割5分以上の割増賃金**を支払わなければならない。」と規定されている。（労基法第37条第1項）

解答 (2)

表 賃金の割増率

時間外	2割5分以上（1ヵ月60時間超部分…5割以上）
法定休日	3割5分以上
深夜	2割5分以上
時間外＋深夜	5割以上（1ヵ月60時間超部分…7割5分以上）
休日＋深夜	6割以上

関連問題 2

休憩時間に関する文中，□□□内に当てはまる語句の組合せとして，「労働基準法」上，正しいものはどれか。

使用者は，労働時間が，　A　を超える場合においては少なくとも　B　，8時間を超える場合においては少なくとも1時間の休憩時間を労働時間の途中に与えなければならない。

	(A)	(B)
(1)	4時間	30分
(2)	4時間	45分
(3)	6時間	30分
(4)	6時間	45分

解説

「使用者は，労働時間が，**6時間**を超える場合においては少なくとも**45分**，8時間を超える場合においては少なくとも1時間の休憩時間を労働時間の途中に与えなければならない。」と規定されている。（労基法第34条第1項）

解答　(4)

労働者名簿及び賃金台帳

重要問題85

労働者名簿及び賃金台帳に関する記述のうち，「労働基準法」上，**誤っている**ものはどれか。

(1) 使用者は，各事業場ごとに，日々雇い入れる者を除き，労働者名簿を作成しなければならない。

(2) 使用者は，各事業場ごとに，賃金計算の基礎となる事項等を記入した賃金台帳を作成しなければならない。

(3) 労働者名簿には，労働者の性別，戸籍，住所等を記入しなければならない。

(4) 賃金台帳には，労働者の氏名，性別，労働日数等を記入しなければならない。

解説

⑴ 「使用者は，各事業場ごとに労働者名簿を日々雇い入れる者を除き，**労働者名簿**を作成しなければならない。」と規定されている。（労基法第107条第1項）

⑵ 「使用者は，各事業場ごとに，賃金計算の基礎となる事項等を記入した**賃金台帳**を作成しなければならない。」と規定されている。（労基法第108条）

⑶ **労働者名簿に記入すべき項目**として「性別・住所・従事する業務の種類・雇い入れの年月日・退職の年月日及びその理由・死亡の年月日及びその原因」と規定されていて，**戸籍は該当しない**。（労基則第53条第1項）

⑷ 賃金台帳に記入すべき項目として「**氏名・性別・賃金計算期間・労働日数**・労働時間数・労働時間の延長時間数，休日労働時間数及び深夜労働時間数・基本給，手当その他賃金の種類ごとにその額・賃金の一部を控除した場合にはその額」と規定されている。（労基則第54条第1項）

解答　⑶

関連問題 1

　未成年の建設労働者に関する記述のうち，「労働基準法」上，**誤っている**ものはどれか。

⑴ 親権者又は後見人は，未成年者の賃金を代って受け取ってはならない。

⑵ 親権者又は後見人は，未成年者に代って労働契約を締結することができる。

⑶ 使用者は，満18才に満たない者について，その年齢を証明する戸籍証明書を事業場に備え付けなければならない。

⑷ 使用者は，満18才に満たない者を，2人以上の者によって行うクレーンの玉掛けの業務における補助作業に就かせることができる。

解説

⑴ 「未成年者は，独立して賃金を請求することができる。親権者又は後見人は，未成年者の賃金を代って**受け取ってはならない**。」と規定されている。（労基法第59条）

⑵ 「**親権者又は後見人は，未成年者に代って労働契約を締結してはなら**

ない。」と規定されている。（労基法第58条）

(3) 「使用者は，満18才に満たない者について，その年齢を証明する**戸籍証明書**を事業場に備え付けなければならない。」と規定されている。（労基法第57条）

(4) 「使用者は，**満18才に満たない者に就かせてならない業務**の一つにクレーン，デリック又は揚貨装置の玉掛け業務があるが，**例外として2人以上の者によって行う玉掛けの業務**における**補助作業に就かせることができる。**」と規定されている。（労基法第62条第1項及び年労則第8条）

解答　(2)

🖉 関連問題 2

労働契約の締結に際し，「労働基準法」上，使用者が労働者に対して明示しなければならない労働条件として，**定められていないもの**はどれか。

(1) 就業の場所及び従事すべき業務に関する事項
(2) 所定労働時間を超える労働の有無に関する事項
(3) 賃金の決定及び支払の時期に関する事項
(4) 福利厚生施設の利用に関する事項

解説

労働契約締結に際し，「労働基準法」上，使用者が労働者に対して**明示しなければならない労働条件**としては，下記の通りである。（労基則第5条抜粋）

一　労働契約の期間に関する事項
　一の二　期間の定めのある労働契約を更新する場合の基準に関する事項
　一の三　**就業の場所及び従事すべき業務**に関する事項
二　始業及び終業の時刻，**所定労働時間を超える労働の有無**，休憩時間，休日，休暇並びに労働者を2組以上に分けて就業させる場合における就業時転換に関する事項
三　**賃金の決定**，計算及び支払の方法，賃金の締切り及び**支払の時期**並びに昇給に関する事項
四　退職に関する事項

解答　(4)

建築の用語

重要問題86

建築の用語に関する記述のうち,「建築基準法」上,**誤っている**ものはどれか。

(1) 建築物の設ける煙突は,建築設備である。

(2) モルタルは,不燃材料である。

(3) 熱源機器の過半を更新する工事は,大規模の修繕である。

(4) 継続的に使用される会議室は,居室である。

解説

(1) 「**建築設備**とは,建築物に設ける電気,ガス,給水,排水,換気,暖房,冷房,消火,排煙若しくは汚物処理の設備又は**煙突**,昇降機若しくは避雷針をいう。」と規定されている。(建基法第2条第三号)

(2) 「**不燃材料**とは,建築材料のうち,不燃性能に関して政令で定める技術的基準に適合するもので,国土交通大臣が定めたもの又は国土交通大臣の認定を受けたものをいう。」とあり,その基準を満たすものとして**モルタルも規定**されている。(建基法第2条第九号,平成12年建設省告示第1400号第十二号)

(3) 「**大規模の修繕**とは,**建築物の主要構造部の一種以上について行う過半の修繕をいう。**」と規定されていて,「主要構造部とは壁,柱,床,梁,屋根又は**階段**をいう。」(建基法第2条第十四号,第五号)

(4) 「**居室**とは,居住,執務,作業,集会,娯楽その他これらに類する目的のために継続的に使用する室をいう。」と規定されていて,**会議室**も該当する。(建基法第2条第四号)

解答 (3)

✎ 関 連 問 題 1

建築物の用語に関する記述のうち,「建築基準法」上, 誤っているものはどれか。

(1)　屋根は, 主要構造部である。

(2)　屋内避難階段は, 主要構造部である。

(3)　外壁は, 主要構造部である。

(4)　基礎ぐいは, 主要構造部である。

解説

「**主要構造部**とは壁, 柱, 床, 梁, 屋根又は階段をいい, 建築物の構造上重要でない間仕切壁, 間柱, 附け柱, 揚げ床, 最下階の床, 廻り舞台の床, 小ばり, ひさし, 局部的な小階段, 屋外階段その他これらに類する建築物の部分を除くものとする。」と規定されている。(建基法第2条第五号)

また, **基礎ぐい**は**構造耐力主要な部分**の中に規定されている。(建基令第1条第三号)

解答　(4)

✎ 関 連 問 題 2

建築の用語に関する記述のうち,「建築基準法」上, 誤っているものはどれか。

(1)　執務のために継続的に使用する室は, 居室である。

(2)　建築物に設ける煙突は, 建築設備である。

(3)　共同住宅は, 特殊建築物である。

(4)　屋外避難階段は, 主要構造部である。

解説

(3)　「**特殊建築物**とは, 学校, 体育館, 病院, 劇場, 観覧場, 集会場, 展示場, 百貨店, 市場, ダンスホール, 遊技場, 公衆浴場, 旅館, **共同住宅**, 寄宿舎, 下宿, 工場, 倉庫, 自動車車庫, 危険物の貯蔵場, と畜場, 火葬場, 汚物処理場その他これに類する用途に供する建築物をい

う。」と規定されている。（建基法第2条第二号）

(4)　「**主要構造部とは，壁，柱，床，梁，屋根又は階段**をいい，建築物の構造上重要でない間仕切壁，間柱，附け柱，揚げ床，最下階の床，廻り舞台の床，小ばり，ひさし，局部的な小階段，**屋外階段**その他これらに類する建築物の部分を**除く**ものとする。」と規定されていて**屋外避難階段は該当しない**。（建基法第2条第五号）

解答　(4)

配管設備

重要問題87

　建築物に設ける配管設備に関する記述のうち，「建築基準法」上，**誤っている**ものはどれか。

(1)　地階に居室を有する建築物に設ける換気設備の風道は，防火上支障がある場合，難燃材料で造らなければならない。

(2)　雨水排水立て管は，通気管と兼用してはならない。

(3)　排水のための配管設備で，汚水に接する部分は，不浸透質の耐水材料で造らなければならない。

(4)　給水管及び排水管は，エレベーターの昇降路内に設けてはならない。

解説

(1)　「地階を除く階数が3以上である建築物，**地階に居室を有する建築物**又は延べ面積が3,000 m²を超える建築物に設ける**換気**，暖房又は冷房の設備の風道及びダストシュート，メールシュート，リネンシュートその他これに類するものは，**不燃材料**で造ること。」と規定されている。（建基令第129条の2の5第1項第六号）

(2)　「雨水排水立て管は，汚水排水管若しくは通気管と**兼用し，又はこれらの管に連結しないこと**。」と規定されている。（昭和50年建設省告示第1597号）

(3)　「建築物に設ける排水のための配管設備は，汚水に接する部分は，**不浸透質の耐水材料で造ること**。」と規定されている。（建基令第129条の2の5第3項第四号）

(4)　「給水管及び排水管は，昇降機（エレベーター）の**昇降路内に設けないこ**

と。」と規定されている。（建基令第129条の2の5第1項第三号）

解答　(1)

✎ 関連問題

　建築物に設ける排水のための配管設備に関する記述のうち，「建築基準法」上，誤っているものはどれか。
(1)　排水管は，給水ポンプ，空気調和機その他これらに類する機器の排水管に直接連結してはならない。
(2)　排水トラップの深さは，阻集器を兼ねない場合，15cm以上としなければならない。
(3)　延べ面積が500 m²を超える建築物に設ける阻集器は，汚水から油脂，ガソリン，土砂等を有効に分離することができる構造としなければならない。
(4)　排水再利用配管設備の水栓には，排水再利用水であることを示す表示をしなければならない。

解説

　「給水，排水その他の配管設備の設置及び構造について」次のように規定されている。（建基令第129条の2の5及び昭和50年建設省告示1597号の第2）
(1)　「排水管は，給水ポンプ，空気調和機その他これらに類する機器の排水管に**直接連結してはならない**。」と規定されている。（第一号ロ）
(2)　「**排水トラップの深さは，5 cm以上10 cm以下**（**阻集器を兼ねる場合は5 cm以上**）とすること。」と規定されている。（第三号ニ）
(3)　「阻集器は，汚水から油脂，ガソリン，土砂等を有効に**分離できる構**造とすること。」と規定されている。（第四号ロ）
(4)　「排水再利用配管設備の水栓に，排水再利用水であることを示す**表示をすること**。」と規定されている。（第六号ニ）

解答　(2)

石綿その他の物質の飛散又は拡散

重要問題88

石綿その他の物質の飛散又は発散に対する衛生上の措置に関する文中，□□内に当てはまる用語の組合せとして，「建築基準法」上，**正しいもの**はどれか。

居室を有する建築物にあっては，石綿等以外の物質で，その居室内において衛生上の支障を生じるおそれがある物質として，**A**及び**B**が定められており，建築材料及び換気設備について，政令で定める技術的基準に適合するものとしなければならない。

	(A)	(B)
(1)	クロルピリホス ─────	パーライト
(2)	パーライト ─────	ロックウール
(3)	ホルムアルデヒド ─────	クロルピリホス
(4)	ロックウール ─────	ホルムアルデヒド

解説

「居室内において**衛生上の支障を生じるおそれがある物質**は，**クロルピリホス及びホルムアルデヒド**とする。」と規定されている。**クロルピリホス**は，シロアリ駆除剤に含まれる有機リン系農薬で，全面的に使用が禁じられている。**ホルムアルデヒドを含む建築材料**は，ホルムアルデヒドの発散速度に応じて区分され，使用が制限されている。（建基令第20条の5）

解答 （3）

関連問題

石綿その他の物質の飛散又は発散に関する文中，□□内に当てはまる用語の組合せとして「建築基準法」上，**正しいもの**はどれか。

居室を有する建築物は，その居室内において，石綿その他の物質の建築材料からの飛散又は発散による**A**を生じるおそれがないよう，建築材料及び**B**について，政令で定める技術的基準に適合するものとしなければならない。

	(A)		(B)
(1)	防火上の支障	————	排煙設備
(2)	防火上の支障	————	換気設備
(3)	衛生上の支障	————	排煙設備
(4)	衛生上の支障	————	換気設備

解説

「居室を有する建築物は，その居室内において石綿等以外の物質で建築材料からの<u>飛散又は発散</u>による**衛生上の支障**がないよう，<u>建築材料及び，換気設備</u>について政令で定める技術的基準に適合するものとしなければならない。」旨が規定されている。（建基法第28条の2第二号，第三号）

解答　(4)

空気調和設備

重要問題89

次の空気環境項目のうち，建築物に設ける中央管理方式の空気調和設備において，「建築基準法」上，**空気調和設備の性能として定められていないもの**はどれか。
(1)　温度
(2)　気流
(3)　酸素の含有率
(4)　浮遊粉じんの量

解説

「建築物の居室に設ける**中央管理方式の空気調和設備の性能について**」，表のとおり**6項目の基準**が規定されているが，**酸素の含有率**については，定められていない。（建基令第129条の2の6第3項）

解答　(3)

表　空気調和設備の性能

浮遊粉じんの量	$0.15\text{mg}/\text{m}^3$以下
一酸化炭素の含有率	$\dfrac{10}{1,000,000}$以下
炭酸ガスの含有率	$\dfrac{1,000}{1,000,000}$以下
温度	一　17℃以上28℃以下 二　居室における温度を外気の温度より低くする場合は，その差を著しくしないこと。
相対湿度	40%以上70%以下
気流	$0.5\,\text{m}/\text{s}$以下

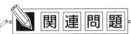

建築物の居室に設ける中央管理方式の空気調和設備において調整する対象として，「建築基準法」上，定められていないものはどれか。

(1)　炭酸ガスの含有率

(2)　相対湿度

(3)　酸素の含有率

(4)　一酸化炭素の含有率

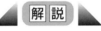

(3)　建築物の居室に設ける中央管理方式の空気調和設備において，炭酸ガスの含有率，相対湿度，一酸化炭素の含有率をはじめ6項目は規定されているが，酸素の含有率は定められていない。

解答　(3)

建設業法の目的

重要問題90

建設業法の目的に関する文中，□内に当てはまる用語の組合せとして，「建設業法」上，正しいものはどれか。

この法律は，建設業を営む者の　A　，建設工事の請負契約の適正化等を図ることによって，建設工事の適正な施工を確保し，　B　を保護するとともに，建設業の健全な発達を促進し，もって公共の福祉の増進に寄与することを目的とする。

	(A)	(B)
(1)	経営の安定 ———	発注者
(2)	経営の安定 ———	国民
(3)	資質の向上 ———	発注者
(4)	資質の向上 ———	国民

解説

「この法律は，**建設業を営む者の資質の向上**，建設工事の請負契約の適正化等を図ることによって，**建設工事の適正な施工を確保し，発注者を保護する**とともに，建設業の健全な発達を促進し，もって公共の福祉の増進に寄与することを目的とする。」と規定されている。（建業法第 1 条）

解答　(3)

関連問題

建設業法の目的及び用語に関する記述のうち，「建設業法」上，**誤っているものはどれか。**

(1) この法律は，建設工事の適正な施工を確保し，建設業を営む者を保護

するとともに，建設業の健全な発達を促進することを目的とする。

(2)　下請契約とは，建設工事を他の者から請け負った建設業を営む者と他の建設業を営む者との間で当該建設工事の全部又は一部について締結される請負契約をいう。

(3)　発注者とは，建設工事（他の者から請け負ったものを除く。）の注文者をいう。

(4)　元請負人とは，下請契約における注文者で建設業者であるものをいう。

解説

(1)　「この**法律（建設業法）**は，建設業を営む者の**資質の向上**，建設工事の**請負契約の適正化等**を図ることによって，建設工事の適正な施工を確保し，**発注者を保護する**とともに，建設業の健全な発達を促進し，**もって公共の福祉の増進に寄与する**ことを**目的とする。**」と規定されている。（建業法第 1 条）

(2)　「この法律において，**下請契約とは，**建設工事を他の者から請け負った建設業を営む者と他の建設業を営む者との間で当該建設工事の全部又は一部について締結される請負契約をいう。」と規定されている。（建業法第 2 条第 4 項）

(3), (4)「この法律において，**発注者とは，**他の者から請け負ったものを除く建設工事の注文者をいい，**元請負人とは，**下請契約における注文者で建設業者であるものをいい，**下請人とは，**下請契約における請負人をいう。」と規定されている。（建業法第 2 条第 5 項）

解答　(1)

建設業の許可

重要問題91

建設業の許可に関する文中，　　　　内に当てはまる金額と用語の組合せとして，「建設業法」上，**正しいもの**はどれか。

管工事業を営もうとする者は，工事 1 件の請負代金の額が　A　に満たない工事のみを請負おうとする場合を除き，建設の許可を受けなければならない。

また，建設業の許可は，2以上の都道府県の区域内に営業所を設けて営業を
しようとする場合は， B の許可を受けなければならない。

	(A)	(B)
(1)	500万円	当該都道府県知事
(2)	500万円	国土交通大臣
(3)	1,000万円	当該都道府県知事
(4)	1,000万円	国土交通大臣

解説

「建設業を営もうとする者は，2以上の都道府県の区域内に営業所を設けて
営業しようとする場合にあっては国土交通大臣の許可を，1の都道府県の区域
内にのみ営業所を設けて営業しようとする場合にあっては当該営業所の所在地
を管轄する都道府県知事の許可を受けなければならない。ただし政令で定める
軽微な建設工事のみを請け負うことを営業するものは，この限りでない。」旨
が規定されている。（建業法第3条第1項）

また，「軽微な建設工事は，工事1件の請負代金の額が建築一式工事にあっ
ては1,500万円に満たない工事又は延べ面積が150 m²に満たない木造住宅工
事，建築一式工事以外の建設工事にあっては500万円に満たない工事とする。」
と規定されている。（建業令第1条の2）

解答 (2)

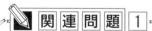 **関連問題 1**

建設業の許可に関する記述のうち，「建設業法」上，誤っているものは
どれか。

(1) 一般建設業の許可を受けた建設業者は，請け負おうとする工事を自ら
施工する場合，請負金額の大小にかかわらず請け負うことができる。

(2) 建設業の許可を受けた建設業者は，工事の一部を下請負人として請け
負った場合でも，主任技術者を置く必要がある。

(3) 2級管工事施工管理技士は，管工事業に係る一般建設業の許可を受け
る建設業者が営業所ごとに専任で置く技術者としての要件を満たしてい
る。

(4) 都道府県知事の許可を受けた建設業者は，許可を受けた都道府県以外
では，工事を請け負うことができない。

▶ 解説 ◀

(1) 一般建設業の許可と特定建設業の許可の違いが示されていて,「一般建設業の許可を受けた建設業者は,下請専門か,元請となった場合でも下請けに出す工事の金額が4,000万円（建築一式工事の場合は,6,000万円）未満とする形態で施工しようとするものが受ける許可である。」請負金額の大小を制限するものではない。（建業法第16条,建業令第2条）

(2) 「建設業の許可を受けた建設業者は,元請,下請にかかわらず請け負った建設工事を施工するときは,軽微な建設工事でも,その工事現場の建設工事の技術上の管理をつかさどるものとして,一定の実務経験等を有する主任技術者を置かなければならない。」と規定されている。（建業法第26条第1項）

(3) 「一般建設業の管工事業の営業所ごとに専任で置かなければならない技術者の資格要件及び工事現場の管工事の技術上の管理をつかさどる主任技術者の資格要件を,2級管工事施工管理技士は満たしている。」と規定されている。（建業法第7条第1項,建業則第7条の3）

(4) 都道府県知事の許可を受けた営業所の所在地とその営業に係る建設工事の施工場所については,建設業法に何ら規定はないので,許可を受けた都道府県以外においても,建設工事を請け負うことができる。

解答 (4)

✎ 関連問題 2

建設業の許可に関する記述のうち,「建設業法」上,正しいものはどれか。ただし,軽微な建設工事のみを請け負うことを営業する者は除く。

(1) 「国土交通大臣の許可」は,「都道府県知事の許可」よりも,受注可能な請負金額が大きい。

(2) 2以上の都道府県の区域内に営業所を設ける場合は,営業所を設けるそれぞれの「都道府県知事の許可」が必要である。

(3) 「国土交通大臣の許可」は,「都道府県知事の許可」よりも,下請契約できる代金額の総額が大きい。

(4) 「国土交通大臣の許可」と,「都道府県知事の許可」では,どちらも工事可能な区域に制限はない。

解説

(2)　**2以上の都道府県**の区域内に営業所を設けて営業しようとする場合にあっては**国土交通大臣の許可**が必要であって，請負金額の大小や，下請代金額を決めるものではない。

(3)　建設業の許可は，一般建設業の許可と特定建設業の許可の区分に分けて行い，その者が発注者から直接請け負う1件の建設工事につき，その工事の全部または一部を下請けに出すことのできる代金額に制限を設けている。(建業法第3条第1項)

(4)　それぞれの許可は，営業についての地域的制限ではなく，**全国で営業活動でき**，どちらも工事可能な区域に制限はない。

解答　(4)

建設工事の請負契約

重要問題92

建設工事の請負契約に関する記述のうち，「建設業法」上，**誤っているもの**はどれか。ただし，電子情報処理組織を利用する方法その他の情報通信の技術を利用する方法によらないものとする。

(1)　請負人は，現場代理人を置く場合においては，当該現場代理人の権限に関する事項等を，書面により注文者に通知しなければならない。

(2)　建設業者は，発注者の承諾を得れば，その請け負った共同住宅を新築する建設工事を一括して他人に請け負わせることができる。

(3)　注文者は，自己の取引上の地位を不当に利用して，通常必要と認められる原価に満たない金額の請負契約を締結してはならない。

(4)　管工事業の許可を受けた者は，管工事に附帯する電気工事も合わせて請け負うことができる。

解説

(1)　「**請負人は，請負契約の履行に関し工事現場に現場代理人を置く場合において**は，当該現場代理人の権限に関する事項等を，書面により注文者に通知しなければならない。」と規定されている。(建業法第19条の2第1項)

(2) 「建設業者は，その請け負った建設工事を一括して他人に請け負わせては
ならない。」しかし「多数の者が利用する施設又は政令で定める以外の建設
工事にあっては，元請負人があらかじめ発注者の書面による承諾を得たとき
は，一括して他人に請負わせることができる。」(建業法第22条第1項，第3項)
　　そして「一括下請けの禁止となる重要な建設工事は共同住宅を新築する建
設工事とする。」と規定されている。(建業令第6条の3)

(3) 「注文者は，自己の取引上の地位を不当に利用して，その注文した建設工
事を施工するために通常必要と認められる原価に満たない金額を請負代金の
額とする請負契約を締結してはならない。」と規定されている。(建業法第19
条の3)

(4) 「建設業者は，許可を受けた建設業に係る建設工事を請け負う場合におい
ては，その建設工事に付帯する他の建設業に係る建設工事を請け負うことが
できる。」と規定されていて，管工事の許可を受けた者は，管工事に付帯す
る電気工事も合わせて請け負うことができる。(建業法第4条)

解答　(2)

関連問題

　建設工事の請負契約に関する記述のうち，「建設業法」上，誤っている
ものはどれか。ただし，電子情報処理組織を利用する方法その他の情報通
信の技術を利用する方法によらないものとする。

(1) 請負人は，請負契約の履行に関し工事現場に主任技術者を置く場合に
おいては，当該主任技術者の権限に関する事項等を，書面により注文者
に通知しなければならない。

(2) 下請契約の当事者は，契約の締結に際して，工事内容，請負代金の額
その他の事項を書面に記載し，署名又は記名押印して相互に交付しなけ
ればならない。

(3) 注文者は，請負契約の締結後，自己の取引上の地位を不当に利用し
て，その注文した建設工事に使用する資材若しくは機械器具又はこれら
の購入先を指定し，これらを請負人に購入させて，その利益を害しては
ならない。

(4) 注文者は，請負人に対して，建設工事の施工につき著しく不適当と認
められる下請負人があるときは，その変更を請求することができる。た
だし，あらかじめ注文者の書面による承諾を得て選定した下請負人につ

いては，この限りでない。

■解 説■

(1) **請負契約の履行**に関することは，主任技術者の権限に関する事項等でなく，**現場代理人の権限に関する事項等である。**（建業法第19条の2）

(2) 「建設工事の**請負契約の当事者**は，契約の締結に際して，工事内容，請負代金の額や工事の着手の時期及び工事完成の時期その他の事項を書面に記載し，署名又は記名押印をして相互に交付しなければならない。」と規定されている。（建業法第19条）

(3) 「**注文者**は，請負契約の締結後，自己の取引上の地位を不当に利用して，その注文した建設工事に使用する資材若しくは機械器具又はこれらの購入先を指定し，これらを請負人に購入させて，その利益を害してはならない。」と規定されている。（建業法第19条の4）

(4) 「**注文者**は，請負人に対して，建設工事の施工につき著しく不適当と認められる下請負人があるときは，その**変更を請求**することができる。
　　ただし，あらかじめ注文者の書面による承諾を得て選定した下請負人についてはこの限りでない。」と規定されている。（建業法第23条第1項）

解答　(1)

主任技術者

重要問題93

　管工事業の許可を受けた建設業者が現場に置く主任技術者に関する記述のうち，「建設業法」上，**誤っているもの**はどれか。

(1) 主任技術者は，請負契約の履行を確保するため，請負人に代わって工事の施工に関する一切の事項を処理しなければならない。

(2) 請負代金の額が3,500万円未満の管工事においては，主任技術者は，当該工事現場に専任の者でなくてもよい。

(3) 2級管工事施工管理技術検定に合格した者は，管工事の主任技術者になることができる。

(4) 発注者から直接請け負った工事を下請契約を行わずに自ら施工する場合，

当該工事現場における建設工事の施工の技術上の管理をつかさどるものとして建設業者が置くのは，主任技術者でよい。

解説

(1)　「**主任技術者**は，当該工事現場における建設工事の**施工の技術上の管理を**つかさどるもの。」と規定されている。（建業法第26条第1項）

(2)　「主任技術者を選任で置かなければならない工事は，公共性のある施設，工作物又は多数の者が利用する施設，工作物に関する重要な建設工事で，工事一件の請負代金が**3,500万円以上**（建築一式工事で7,000万円以上）であるもの。」と規定されている。（建業法第26条第3項，建業令第27条）

(3)　「主任技術者の資格として，国土交通大臣が認定した者に「1級または2級の**管工事施工管理技術検定試験に合格した者**」が含まれている。（建業法第7条第二号，建業則第7条の3）

(4)　発注者から直接請け負った工事を下請け契約を行わずに**自ら施工する場合**や（4,000万円未満の下請契約を締結して施工する場合），当該工事現場における建設工事の施工の技術上の管理をつかさどるものとして建設業者が置く技術者は，監理技術者でなく**主任技術者**でよい。

解答　(1)

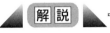　**関連問題**

　建設業者が請け負った管工事の当該工事現場に置かなければならない主任技術者として，「建設業法」上，その**要件を満たしていない者**はどれか。

(1)　管工事施工管理を種目とする2級の技術検定に合格した者

(2)　一級建築士の免許を受けた者

(3)　高等学校の建築学に関する学科を卒業後，管工事に関し5年以上実務の経験を有する者

(4)　管工事に関し10年以上実務の経験を有する者

解説

　主任技術者の資格は，次のように規定されている。

　「イ　許可を受けようとする建設業に係る建設工事に関し学校教育法による**高等学校**若しくは中等教育学校を卒業後**5年以上**又は大学若し

くは高等専門学校を卒業後3年以上の実務経験を有する者で**在学中
に国土交通省令に定める学科を修めた者**

ロ　**許可を受けようとする建設業に係る建設工事に関し，10年以上の
実務経験を有する者**

ハ　国土交通大臣が，上記と同等以上の知識及び技術又は技能を有す
る者と認定した者」と定めている。（建業法第7条第二号）

国土交通大臣が認定した者は，次のように規定されている。（建業則第
7条の3）

・1級または2級の**管工事施工管理技術検定試験**に合格した者
・技術士試験の2次試験のうち管工事に関係する部門に合格した者
・技能検定において1級，2級建築板金作業（ダクト板金に限る。）と
　1級，2級冷凍空気調和機施工作業若しくは1級配管（建築配管に限
　る。）とするものに合格した後，管工事に関し3年以上実務の経験を
　有する者
・建築設備士となった後，管工事に関し1年以上の実務経験を有する者
・給水装置工事主任者免許交付を受けた後，管工事に関し1年以上の実
　務経験を有する者
・登録計装試験に合格した後，管工事に関し1年以上の実務経験を有す
　る者

一級建築士の資格を有する者は該当しない。

解答　(2)

非常電源

重要問題94

次の消防用設備のうち，「消防法」上，非常電源を附置する**必要のないもの**はどれか。
(1) 屋内消火栓設備
(2) 連結散水設備
(3) 不活性ガス消火設備
(4) スプリンクラー設備

解説

(1) 「**屋内消火栓**には，非常用電源を附置すること。」と規定されている。（消防令第11条第3項）
(2) 「**連結散水設備**は，地下室等の天井面に散水ヘッドを設け，これと建物の外部に設ける送水口とを，配管接続し，消防隊が外部から送水して消火するものである。」そのため**非常用電源を附置する**規定はない。（消防令第28条の2）
(3) 「全域放出方式又は局所放出方式の**不活性ガス消火設備**には，非常用電源を設けること。」と規定されている。（消防令第16条第七号）
(4) 「**スプリンクラー設備**には，非常電源を附置し，かつ，消防ポンプ自動車が容易に接近できる位置に双口型の送水口を附置すること。」と規定されている。（消防令第12条第2項）

解答 (2)

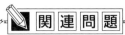

次のうち，「消防法」上，非常電源を附置することが**定められていない**ものはどれか。

(1)　水噴霧消火設備
(2)　屋外消火栓設備
(3)　泡消火設備
(4)　連結散水設備

解説

(1)　「**水噴霧消火設備**には，非常用電源を附置すること。」と規定されている。（消防令第14条第六号）
(2)　「**屋外消火栓設備**には，非常電源を附置すること。」と規定されている。（消防令第19条第3項第六号）
(3)　「**泡消火設備**には，非常用電源を附置すること。」と規定されている。（消防令第15条第七号）
(4)　**連結散水設備**には，非常電源を附置する**規定はない**。

解答　(4)

危険物の種類と指定数量

重要問題95

危険物の種類と指定数量の組合せのうち，「消防法」上，**誤っている**ものはどれか。

（危険物の種類）　　　　　　　　（指定数量）
(1)　ガソリン ─────── 200 L
(2)　灯油 ─────────── 500 L
(3)　軽油 ─────────── 1,000 L
(4)　重油 ─────────── 2,000 L

解説

消防法に基づく危険物の規制に関する「危険物の指定数量について」次のよ

うに規定されている。（消防法第 9 条の 4，危険物令別表第 3 ）

(2) **灯油・軽油の指定数量は1,000 L である。**

表　危険物令別表第 3 （主な危険物の指定数量）

種別	品　名	性　質	物品の例	指定数量(L)
第 4 類	特殊引火物		エーテル	50
	第一石油類	非水溶性液体	ガソリン，ベンゼン	200
		水溶性液体	アセトン	400
	アルコール類			400
	第二石油類	非水溶性液体	灯油，軽油	1,000
		水溶性液体	さく酸	2,000
	第三石油類	非水溶性液体	重油，クレオソート油	2,000
		水溶性液体		4,000
	第四石油類		ギヤー油，シリンダー油	6,000
	動植物油類			10,000

解答　(2)

　危険物の区分及び指定数量に関する記述のうち，「消防法」上，誤っているものはどれか。

(1) 重油は，第三石油類である。

(2) 重油の指定数量は，2,000 L である。

(3) 灯油は，第四石油類である。

(4) 灯油の指定数量は，1,000 L である。

　「危険物とは，別表第 1 で品名（第一類から第六類）を指定し，区分に応じた性状を有するものを危険物」をいう。と規定して，危険物の貯蔵・取扱い等に関して火災予防の見地から保安規制を行っている。（消防法第 2 条第 7 項及び消防法別表第 1 ）

　また，消防法に基づく危険物の規制に関する「危険物の指定数量」の規定があり，別表第 3 に指定数量が示されている。

(3)　灯油は，**第二石油類**である。

解答　(3)

危険物の区分及び指定数量に関する記述のうち，「消防法」上，**誤って**いるものはどれか。

(1)　重油は第三石油類である。

(2)　重油の指定数量は，2,000 L である。

(3)　灯油は第二石油類である。

(4)　灯油の指定数量は，500 L である。

(4)　**灯油**は第二石油類で，指定数量は，1,000 L である。

解答　(4)

エネルギー使用の合理化等に関する法律

重要問題96

　次の建築設備のうち，「エネルギーの使用の合理化等に関する法律」上，エネルギーの効率的利用のための措置を実施することが**定められていないもの**はどれか。

(1) 機械換気設備

(2) ガス設備

(3) 照明設備

(4) 昇降機

解説

　エネルギーの使用の合理化等に関する法律でエネルギーの効率的利用のための措置を実施することを定める建築設備は，次のように 4 項目が規定されている。(エネルギー法第72条，エネルギー法令第14条)

① 空気調和設備その他の**機械換気設備**

② **照明設備**

③ **給湯設備**

④ **昇降機**

(2) ガス設備は規定されていない。

解答 (2)

 関連問題

　次の建築設備のうち，「エネルギーの使用の合理化等に関する法律」上，エネルギーの効率的利用のための措置を実施することが**定められていないもの**はどれか。

(1) 給湯設備

(2)　照明設備
(3)　給水設備
(4)　空気調和設備

(3)　**給水設備**は，規定されている 4 項目にはない。

解答　(3)

浄化槽法

重要問題97

浄化槽工事に関する記述のうち，「浄化槽法」上，誤っているものはどれか。

(1)　浄化槽を設置した場合は，使用を開始する前に，指定検査機関の行う水質検査を受けなければならない。

(2)　浄化槽を工場で製造する場合，形式について，国土交通大臣の認定を受けた。

(3)　浄化槽工事を行う場合，浄化槽設備士の資格を有する浄化槽工事業者が自ら実地に監督した。

(4)　浄化槽工事業者は，営業所ごとに，氏名又は名称，登録番号等を記載した標識を見やすい場所に掲げなければならない。

解説

(1)　「**新たに設置され，又はその構造若しくは規模の変更をされた浄化槽**については，環境省令で定めるところにより，浄化槽管理者は，指定検査機関の行う水質に関する検査を受けなければならない。」と規定されているが，その期日は「省令で定める期間は，**使用開始後 3 月を経過した日から 5 月間**とする。」と規定されている。（浄化法第 7 条第 1 項，浄化則第 4 条第 1 項）

(2)　「浄化槽を工場で製造しようとする者は，製造しようとする浄化槽の形式について，**国土交通大臣の認定**を受けなければならない。」と規定されている。（浄化法第13条第 1 項）

(3)　「浄化槽工事業者は，浄化槽工事を行うときは，これを**浄化槽設備士**に実地に監督させ，又はその資格を有する浄化槽工事業者が**自ら実地に監督**しなければならない。」と規定されている。（浄化法第29条第 3 項）

(4) 「**浄化槽工事業者**は，その営業所及び浄化槽工事の現場ごとに，見やすい場所に，氏名又は名称，登録番号等を記載した標識を掲げなければならない。」と規定されている。(浄化法第30条)

解答　(1)

 関連問題 1

浄化槽工事に関する記述のうち，「浄化槽法」上，**誤っている**ものはどれか。
(1) 浄化槽工事の完了後，直ちに浄化槽管理者が指定検査機関の行う水質検査を受けた。
(2) 国土交通大臣の型式の認定を受けている工場生産浄化槽を，新築の個人住宅に設置した。
(3) 浄化槽設備士が，自ら浄化槽工事を実地に監督した。
(4) 既設の単独処理浄化槽から合併処理浄化槽への変更の計画は，保健所のある市であったため，市長に届け出た。

 解説

(1) **水質検査**は，使用開始後 3 月を経過した月から **5 月間**とする。(浄化則第 4 条第 1 項)
(2) 「合併処理浄化槽の構造は，排出する汚物を終末処理場を有する公共下水道以外に放流しようとする場合においては，汚水処理性能に関する技術基準に適合するもので，国土交通大臣が定めた構造方法を用いるもの又は**国土交通大臣の認定**を受けたものとしなければならない。」と規定されている。(建基令第35条第 1 項)
(4) 「浄化槽を設置し，又はその構造若しくは規模を変更しようとする者は，その旨を都道府県知事（**保健所を設置する市又は特別区にあっては，市長又は区長**とする。）及び当該都道府県知事を経由して特定行政庁に届け出なければならない。」と規定されている。(浄化法第 5 条第 1 項)

解答　(1)

関連問題 2

浄化槽に関する記述のうち，「浄化槽法」上，**誤っている**ものはどれか。

(1) 浄化槽からの放流水の水質は，生物化学的酸素要求量を1Lにつき20 mg以下としなければならない。

(2) 浄化槽を新たに設置する場合，使用開始後一定期間内に，指定検査機関が行う水質に関する検査を受けなければならない。

(3) 浄化槽を工場で製造する者は，型式について都道府県知事の認定を受けなければならない。

(4) 浄化槽工事業を営もうとする者は，当該業を行おうとする区域を管轄する都道府県知事の登録を受けなければならない。

解説

(1) 放流水の水質の技術上の基準として，浄化槽からの放流水の水質は，生物化学的酸素要求量を1Lにつき**20 mg以下**であること規定されている。（浄化則第1条の2）

(2) 水質検査は，使用開始後3月を経過した月から**5月間**とする。（浄化則第4条第1項）

(3) **浄化槽を工場で製造する者は型式について都道府県知事ではなく国土交通大臣**の認定を受けなければならない。（浄化法第13条）

(4) 浄化槽工事業を営もうとする者は，当該業を行おうとする区域を管轄する**都道府県知事の登録**を受けなければならない。有効期間は5年である。（浄化法第21条）

解答　(3)

廃棄物の処理及び清掃に関する法律

重要問題98

廃棄物の処理に関する文中，_____内に当てはまる用語の組合せとして，「廃棄物の処理及び清掃に関する法律」上，**正しい**ものはどれか。

廃エアコンディショナー（国内における日常生活に伴って生じたものに限る。）に含まれるポリ塩化ビフェニルを使用する部品は　A　として，また，

木くず（建設業に係るもの（工作物の新築，改装又は除去に伴って生じたものに限る。））は，　B　として，適正に処理しなければならない。

	(A)	(B)
(1)	特別管理一般廃棄物 ———	一般廃棄物
(2)	特別管理一般廃棄物 ———	産業廃棄物
(3)	特別管理産業廃棄物 ———	一般廃棄物
(4)	特別管理産業廃棄物 ———	産業廃棄物

解説

「**特別管理一般廃棄物**とは，一般廃棄物のうち，爆発性，毒性，感染性その他の人への健康又は生活環境に係る被害を生ずる恐れがある性状を有するものとして政令で定めるものをいう。」と規定されている。

政令には，「次に掲げるものに含まれる**ポリ塩化ビフェニルを使用する部品**」と**3項目が規定**されている。（廃棄物法第2条第3項及び廃棄物令第1条第一号）

① **廃エアコンディショナー**

② **廃テレビジョン受信機**

③ **廃電子レンジ**

「**産業廃棄物**とは，事業活動に伴って生じた廃棄物のうち，燃え殻，汚泥，廃油，廃酸，廃アルカリ，廃プラスチック類その他政令で定める廃棄物」と規定されている。また「**木くず（建設業に係るもの。（工作物の新築又は除去に伴って生じたものに限る。）以下省略）**」と規定されている。（廃棄物法第2条第4項及び廃棄物令第2条第二号）

解答　(2)

✏️ **関連問題 1**

産業廃棄物の運搬又は処分に関する文中，　　　　内に当てはまる用語と数値の組合せとして，「廃棄物の処理及び清掃に関する法律」上，**正しいものはどれか**。

事業者は，産業廃棄物の運搬又は処分を他人に委託する場合，産業廃棄物の引渡しと同時に当該産業廃棄物の運搬又は処分を受託した者に，　A　を交付しなければならない。

また，　A　の写しの送付を受けたときは，当該運搬又は処分が終了し

たことを写しにより確認し，写しを当該送付を受けた日から　B　年間保
存しなければならない。

	(A)	(B)
(1)	産業廃棄物管理票 ——————	3
(1)	産業廃棄物管理票 ——————	5
(2)	廃棄物データシート ——————	3
(3)	廃棄物データシート ——————	5

解説

　「その事業活動に伴い産業廃棄物を生ずる事業者は，その産業廃棄物の
運搬又は処分を他人に委託する場合には，当該委託に係る産業廃棄物の引
渡しと同時に当該産業廃棄物の運搬を受託した者に対し，当該委託に係る
産業廃棄物の種類及び数量，運搬又は処分を受託した者の氏名又は名称その他の事項を記載した**産業廃棄物管理票**を交付しなければならない。」と
規定されている。（廃棄物法第12条の3第1項）

　また，「管理票交付者は，産業廃棄物管理票の写しの送付を受けたとき
は，当該運搬又は処分が終了したことを当該管理票の写しにより確認し，
かつ当該管理票の写しを当該送付を受けた日から環境省令で定める期間保
存しなければならない。」と規定されており，「その期間は**5年間**」と規定
されている。（廃棄物法第12条の3第6項及び廃棄物則第8条の21の2）

解答　(2)

関連問題 2

　産業廃棄物の処理に関する記述のうち，「廃棄物の処理及び清掃に関す
る法律」上，誤っているものはどれか。
(1)　事業活動に伴って生じた産業廃棄物は，事業者が自ら処理しなければ
　ならない。
(2)　産業廃棄物の運搬，処分にかかる委託契約書は，契約の終了の日から
　3年間保管する必要がある。
(3)　事業者は，その事業活動に伴って生じた産業廃棄物の運搬先が2以上
　ある場合，運搬先ごとに産業廃棄物管理票を交付しなければならない。
(4)　事務所ビルの改築に伴って生じた衛生陶器の破片は，産業廃棄物とし

て処分する。

解説

(1) 事業者の責務として，事業活動に伴って生じた産業廃棄物は，**事業者が自ら処理しなければならない。**（廃棄物法第3条）

(2) **産業廃棄物の運搬，処分にかかる委託契約書は，**契約の終了の日から**5年間保管**する必要がある。（廃棄物則第8条の21の2）

(3) 管理票の交付について，事業者は，その事業活動に伴って生じた産業廃棄物の運搬先が2以上ある場合，**運搬先ごとに産業廃棄物管理票を交付**すること。（廃棄物則第8条の20の二項）

(4) 政令で定める産業廃棄物の中に，ガラスくず，コンクリートくず及び**陶磁器くず**が明記されている。（廃棄物令第2条七項）

解答 (2)

建設工事に係る資材の再資源化等に関する法律

重要問題99

建設資材廃棄物の再資源化等に関する文中，□□□内に当てはまる数値及び語句の組合せとして「建設工事に係る資材の再資源化等に関する法律」上，正しいものはどれか。

床面積の合計が □A□ m²以上の建築工事の新築に伴って副次的に生じた特定建設資材廃棄物は，再資源化等をしなければならない。

なお，特定建設資材とは，コンクリート，コンクリート及び鉄から成る建設資材，□B□及びアスファルト・コンクリートである。

	(A)	(B)
(1)	50	プラスチック
(2)	50	木材
(3)	500	プラスチック
(4)	500	木材

解説

分別解体等の義務付けされた建設工事は，特定建設資材を用いた建築物等に

係る解体工事またはその施工に特定建設資材を使用する新築工事等であって，その規模が**一定基準以上**のものと規定されている。（再資源法第9条第1項）

また分別解体等の義務付けされた建設工事の規模基準は，次のように規定されている。（再資源則第2条）

表　建設工事の規模基準

工事の種類	規模の基準
建築物の解体	80㎡
建築物の新築	**500㎡**
建築物の修繕・模様替	1億円
その他の工作物（土木工作物など）	500万円

特定建設資材の種類は下記の通りである。（再資源令第1条）

① コンクリート

② コンクリート及び鉄からなる建設資材

③ **木材**

④ アスファルト・コンクリート

解答　(4)

関連問題 1

建設資材廃棄物の再資源化に関する文中，□□□内に当てはまる用語の組合せとして，「建設工事に係る資材の再資源化等に関する法律」上，**正しいものはどれか**。

解体部分の床面積が80 m²以上の建築物の分別解体に伴って発生する A ，コンクリート及び鉄から成る建設資材， B 及びアスファルト・コンクリートの特定建設資材廃棄物は，再資源化等が義務付けられている。

	(A)	(B)
(1)	プラスチック —— 木材	
(2)	プラスチック —— 建設残土	
(3)	コンクリート —— 木材	
(4)	コンクリート —— 建設残土	

解説

解体部分の床面積が80 m²以上の建築物の分別解体に伴って発生するコンクリート，コンクリート及び鉄からなる建設資材，**木材**及びアスファルト・コンクリートの特定建設資材廃棄物は，再資源化等が義務付けられている。

解答 (3)

 関連問題 2

次の建築物に係る建設工事のうち，「建設工事に係る資材の再資源化等に関する法律」上，特定建設資材廃棄物をその種類ごとに分別しつつ施工しなければならない工事に**該当する**ものはどれか。

ただし，都道府県条例で，適用すべき建設工事の規模に関する基準を定めた区域における建設工事を除く。

(1) 解体工事で当該解体工事に係る床面積の合計が，50 m²であるもの。
(2) 新築工事で床面積の合計が300 m²であるもの。
(3) 建築設備の改修工事で請負代金の額が3000万円であるもの。
(4) 模様替工事で請負代金の額が1億円であるもの。

解説

(4) **模様替工事で請負代金の額が1億円であるものは，再資源化等が義務付けられている。**

解答 (4)

騒音規制法

重要問題100

特定建設作業における騒音の規制に関する文中，□□□内に当てはまる語句として，「騒音規制法」上，**正しいもの**はどれか。

特定建設作業の騒音は，□□□，85デシベルを超えてはならない。

(1) 特定建設作業の場所の敷地から一番近い建物内において
(2) 特定建設作業の場所の敷地から一番近い居住者のいる建物内において

⑶　特定建設作業の場所の敷地の境界線において
⑷　特定建設作業の作業機械から発生する騒音値が

　「**特定建設作業の騒音**が，**特定建設作業の場所の**<u>敷地の境界線</u>において，85
デシベルを超える大きさのものでないこと。」と規定されている。（騒音法第15
条，省告示第一号）

解答　⑶

　　次の記述のうち，「**騒音規制法**」上，**誤っている**ものはどれか。
⑴　特定建設作業とは，建設工事として行われる作業のうち，特定建設業
　　者が行う作業をいう。
⑵　指定地域とは，特定工場等において発生する騒音及び特定建設作業に
　　伴って発生する騒音について規制する地域として指定された地域をい
　　う。
⑶　特定施設とは，工場又は事業場に設置される施設のうち，著しい騒音
　　を発生する所定の施設をいう。
⑷　規制基準とは，特定工場等において発生する騒音の特定工場等の敷地
　　の境界線における大きさの許容限度をいう。

解説

⑴　「**特定建設作業とは，建設工事として行われる作業のうち，著しい騒
　　音を発生する作業であって政令で定めるもの。**」と規定されている。（騒
　　音法第2条第3項）
⑵　「都道府県知事（市の区域内の地域については，市長）は，住居が集
　　合している地域，病院又は学校の周辺の地域その他の騒音を防止するこ
　　とにより住民の生活環境を保全する必要があると認める地域を特定工場
　　等において発生する騒音及び特定建設作業に伴って発生する騒音につい
　　て規制する**地域として指定**しなければならない。」と規定されている。
　　（騒音法第3条第1項）
⑶　「**特定施設とは，**工場又は事業場に設置される施設のうち，著しい騒

音を発生する施設であって政令で定めるものをいう。」と規定されている。（騒音法第2条第1項）

(4)　「**規制基準**とは，特定施設を設置する工場又は事業所において発生する騒音の特定工場等の敷地の境界線における大きさの許容限度をいう。」と規定されている。（騒音法第2条第2項）

解答　(1)

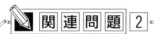

特定建設作業に伴って発生する騒音について規制する指定地域において，災害その他非常の事態の発生により当該特定建設作業を緊急に行う必要がある場合にあっても，当該騒音について「騒音規制法」上の規制が**適用されるもの**はどれか。

(1)　連続して6日間を超えて行われる作業に伴って発生する騒音

(2)　作業の場所の敷地の境界線において，85デシベルを超える大きさの騒音

(3)　日曜日に行われる作業に伴って発生する騒音

(4)　1日14時間を超えて行われる作業に伴って発生する騒音

災害その他非常の事態の発生により当該特定建設作業を緊急に行う必要がある場合，及び人命または身体の危険防止のため特に特定建設作業を行う必要がある場合は，1日の作業時間の制限，作業期間の制限と作業禁止日の制限が除外される。しかし**騒音の大きさは作業の場所の敷地の境界線において，85デシベルを超えてはならない**。（昭和43年厚生・建設省省告示第1号の五）

解答　(2)

第10章
施工管理法
（基礎的な能力）

$\left(\begin{array}{l}\text{※令和3年度から第一次検定（学科試験）において，能力を問う問題とし}\\ \text{て以下の形式で出題されました。（四肢択二式）}\end{array}\right)$

各種工程表

重要問題101

　工程表に関する記述のうち，適当でないものはどれか。適当でないものは二つあるので，二つとも答えなさい。

⑴　ネットワーク工程表は，各作業の現時点における進行状態が達成度により把握できる。

⑵　バーチャート工程表は，ネットワーク工程表に比べて，各作業の遅れへの対策が立てにくい。

⑶　毎日の予定出来高が一定の場合，バーチャート工程表上の予定進度曲線はS字形となる。

⑷　ガントチャート工程表は，各作業の変更が他の作業に及ぼす影響が不明という欠点がある。

解説

⑴　ネットワーク工程表は，丸と矢線で表示するので，作業の数が多くなっても，先行して行われていなければならない作業は何か，並行で行える作業は何か，その後に続く作業は何かの3つの流れに整理され全体の相互関係が理解しやすい。

　　しかし，**ネットワーク工程表**は，各作業の現時点における**進行状態が漠然**としか把握できない。

⑵　バーチャート工程表は，縦軸に各作業名を列記し，横軸に暦日をとり，各作業の着手日と終了日の間を横線で結ぶもので，次のような特徴がある。

　　①　各作業の所要日数と施工日程が分かりやすい。

　　②　各作業の着手日と終了日が分かりやすい。

③　作業の流れが，左から右へ移行しているので，作業間の関係が分かりやすい。

④　各作業の工期に対する影響の度合いは，把握できない。

　　バーチャート工程表は，ネットワーク工程表に比べて，作業の順序関係にあいまいさが残り，ネックとなる作業が明確でなく，**各作業の遅れへの対策が立てにくい**。

(3)　予定進度曲線は，工期を横軸にとり，工事出来高累計（％）を縦軸にとって，全体工事に対する月ごとの各工事細目の予定出来高比率を累計した曲線である。

　　着工直後から毎日の予定出来高が一定の場合，予定進度曲線は直線となる。

　　しかし，実際には毎日の出来高は，直線にならないで**着工時と完成時に0**を示し，**最盛期には最大**となる正規分布状の曲線となるので，予定進度曲線は，**変曲点を持つS字形の曲線**となる。

(4)　ガントチャート工程表は，各作業の現時点における進行状態はよくわかるが，次のような欠点がある。

①　各作業の前後関係が不明である。

②　工事全体の進行度が不明である。

③　各作業の日程及び所要工数が不明である。

④　予定工程表として使用できない。

⑤　**各作業の変更が，他の作業に及ぼす影響が不明**である。

解答(1)，(3)

表　各種工程表の比較

比較事項＼工程表	ガントチャート	バーチャート	ネットワーク
作成の難易	容　易	ガントチャートより複雑	作成手法の知識が必要
作業の手順	×	△	○
作業の日程・日数	×	○	○
各作業の進行度合	○	△	△
全体進行度	×	○	○
工期上の問題点	×	△	○

○：判明できる，△：漠然としている，×：不明である

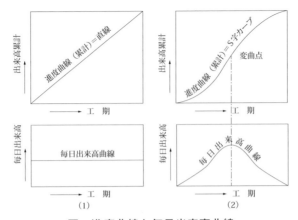

図　進度曲線と毎日出来高曲線

　工程表に関する記述のうち，**適当でないものはどれか。適当でないもの
は二つあるので，二つとも答えなさい。**
(1)　ガントチャート工程表は，各作業を合わせた工事全体の進行状態が不
　明という欠点がある。
(2)　ガントチャート工程表は，各作業の所要日数が容易に把握できる。
(3)　バーチャート工程表に記入される予定進度曲線は，バナナ曲線とも呼
　ばれている。
(4)　バーチャート工程表は，各作業の施工日程が容易に把握できる。

解説

(1)　**ガントチャート工程表**は，各作業の完了時点を100％として横軸に達
　成度をとり，現在の進行状態を棒グラフにしたものである。各作業の現
　時点における進行状態がよくわかるが，**各作業を合わせた工事全体の進
　行状態が不明**という欠点がある。
(2)　ガントチャート工程表は，**各作業の所要日数は不明である。**
(3)　バーチャート工程表に記入される**予定進度曲線**は，**S字曲線（Sカー
　ブ）**とも呼ばれている。
(4)　**バーチャート工程表**は，縦軸に各作業名を列記し，横軸に暦日をと
　り，各作業の着手日と終了日の間を横線で結ぶもので，**各作業の施工日
　程が容易に把握**できる特徴がある。

解答(2)，(3)

機器の据付け

重要問題102

　機器の据付けに関する記述のうち，**適当でないものはどれか。適当でないも**のは二つあるので，二つとも答えなさい。

(1)　遠心送風機の据付け時の調整において，Ｖベルトの張りが強すぎると，軸受の過熱の原因になる。

(2)　呼び番号３の天吊りの遠心送風機を，形鋼製の架台上に据え付け，架台はスラブから吊りボルトで吊る。

(3)　冷却塔は，補給水口の高さが補給水タンクの低水位から２ｍ以内となるように据え付ける。

(4)　埋込式アンカーボルトの中心とコンクリート基礎の端部の間隔は，一般的に，150 mm 以上を目安としてよい。

解説

(1)　遠心送風機の据付け時の調整において，**Ｖベルトの張りが強すぎると，軸受の過熱の原因になる**ので，Ｖベルトを指でつまんで，ひねってみて，90℃くらいひねれる程度か，指で押してＶベルト厚さぐらいたわむ程度か，また適当な間隔にゲージマークを記して0.5％くらいの伸びを生じる程度とする。

(2)　送風機を天井吊りとする場合は，本体の質量が常にスラブからの引抜力として働くことを配慮して固定する。**呼び番号２以上の天吊りの遠心送風機**は，形鋼でかご型に溶接した架台上に据え付ける。形鋼製かご型架台は，吊り下げ荷重・地震力に耐えられるよう，<u>スラブ鉄筋に緊結したアンカーボルトで固定</u>する。

(3)　冷却塔への補給水は，ボールタップを作動させるための水頭圧が必要で，配管抵抗を考慮すれば**冷却塔の補給水口の高さ**は，高置タンクの低水位より<u>３ｍ以上の高さ</u>が必要である。

⑷　埋込式アンカーボルトの中心と**コンクリート基礎の端部の間隔**は，一般的に，基礎の高さ以上であり，**150 mm 以上**を目安としてよい。

解答⑵，⑶

　器機の据付けに関する記述のうち，**適当でないもの**はどれか。**適当でないものは二つある**ので，二つとも答えなさい。

⑴　耐震ストッパーは，機器の4隅に設置し，それぞれアンカーボルト1本で基礎に固定する。

⑵　飲料用の給水タンクは，タンクの上部が天井から100 cm以上離れるように据え付ける。

⑶　冷水ポンプのコンクリート基礎は，基礎表面に排水溝を設け，間接排水できるものとする。

⑷　排水用水中モーターポンプは，排水槽への排水流入口に近接した位置に据え付ける。

解説

⑴　**耐震ストッパー**は，機器の4隅に設置し，それぞれ<u>アンカーボルト3本</u>で基礎に固定する。

⑵　**飲料用の給水タンク**は，**タンクの上部と天井面との間**には，**100 cm以上離して保守点検スペースを確保**するように据え付ける。

⑶　冷水ポンプのコンクリート基礎は，基礎の高さは床上300 mm，基礎表面の排水溝に排水目皿を設け，最寄りの排水系統に**間接排水**できるものとする。

⑷　**排水用水中モーターポンプ**は，ピット内に直接汚水などが落ち込む場合は，**空気を吸込みやすいので，ポンプの据付け位置に注意する**。また，ポンプには電動機部が水中から露出して運転するのを制限しているもの，始動最低水位，運転水位の制限を設けているものがあるので，据付け深さを決定する時も留意する。

　　据付けに際しての留意事項は次の通りである。

①　ポンプを据え付ける前に，油封式モーターの場合はモーター内の封入油を確認し，乾式モーターの場合はメカニカルシール室の潤滑油の確認を行い，不足していれば補給する。

② ポンプの据付け位置は，排水槽への排水流入口から離れた場所で点検や引き上げに支障のない位置に据え付ける。またポンプケーシングの外側及び底部は，ピットの壁及び底面よりそれぞれ200 mm程度の間隔をとる。

③ 床置き形の場合は，ピット底面に基礎を打ち，その上にポンプ底部を据え付ける。吊り下げ形の場合は，本体の点検出し入れに支障のない大きさの点検用マンホールの真下近くに設置する。

解答(1)，(4)

配管及び配管付属品の施工

重要問題103

　配管及び配管付属品の施工に関する記述のうち，**適当でないものはどれか。
適当でないものは二つあるので，二つとも答えなさい。**

(1) 給湯用の横引き配管には，勾配を設け，管内に発生した気泡を排出する。

(2) 土中埋設の汚水排水管に雨水管を接続する場合は，ドロップ桝を介して接続する。

(3) 銅管を鋼製金物で支持する場合は，ゴム等の絶縁材を介して支持する。

(4) 揚水管のウォーターハンマーを防止するためには，ポンプ吐出側に防振継手を設ける。

解説

(1) 給水管（給湯管含む。）の配管工事にあたっては，水を汚染させないことを最重点課題とし，クロスコネクション，逆流防止及び水の滞留防止などに注意した施工を行う。

　　横引き配管（横走り管）は，上向給水管の場合は先上がり，下向き給水管の場合は先下りとし，**水抜き及び空気抜きが容易に行えるように適当な勾配**をとり，凹凸を避けて配管する。

(2) 雨水排水管を汚水管に接続すると，**汚水の臭気が雨水ますなどから漏出する**ことになるので，**雨水排水管（雨水排水立て管を除く。）を汚水排水管に接続する場合は，雨水排水管に排水トラップを設けること**と規定されており，**屋外配管の場合は，トラップ桝**を設ける。（昭和50年建設省告示第1597号第2第3号）

　　また汚水排水には，液体だけでなく，固形物も含まれており勾配を急にすると固形物が残ってしまうので，垂直に流す**ドロップ桝**を使って排水管の**勾配を1／50程度**に調整する。

(3) 電位差の大きい異種金属を接合する場合には，**ガルバニック腐食**が起きるので，両者を電気的に絶縁する必要がある。そのため銅管を鋼製金物で支持する場合は，**ゴム等の絶縁材**を介して支持する。

(4) ポンプ吐出し管には，一般に逆止め弁，仕切弁と圧力計を取り付ける。吐出し管の揚程が30 mを超える高揚程の場合は，**ウォーターハンマを防止**するために，衝撃吸収式逆止弁，エアチャンバ，ショックアブソーバーなどを取り付ける。

また振動や騒音のおそれがある場合は，ポンプの吸込み側と吐出し側に**防振継手**を設ける。

解答(2)，(4)

 関連問題

配管及び配管付属品の施工に関する記述のうち，**適当でないもの**はどれか。**適当でないものは二つある**ので，**二つとも**答えなさい。

(1) 飲料用の冷水器の排水管は，その他の排水管に直接連結しない。

(2) 飲料用の受水タンクに給水管を接続する場合は，フレキシブルジョイントを介して接続する。

(3) ループ通気管の排水横枝管からの取出しの向きは，水平又は水平から45°以内とする。

(4) ループ通気管の排水横枝管からの取出し位置は，排水横枝管に最上流の器具排水管が接続された箇所の上流側とする。

解説

(1) **飲料用の冷水器の排水管**は，その他の排水管に**直接連結しないで**，排水口空間又は排水口を開放して，**水受け容器に排水**する。このような排水の方法を**間接排水**という

(2) 飲料用の**受水タンクに給水管を接続する場合**は，配管の防振及び耐震のため**フレキシブルジョイントを介して接続**する。

(3) ループ通気管の排水横枝管からの取出しの向きは，**垂直ないし45°より急な角度**で取出し，最寄りの箇所に立上げ，その排水系統の最高位衛生器具のあふれ縁から少なくとも150 mm上方で通気主管に接続する。

(4) **ループ通気管の排水横枝管からの取出し位置**は，排水横枝管に**最上流**の器具排水管が接続された箇所の**すぐ下流側**とする。

また1つの通気管が，受け持ち得る器具の数は7個以下で，**それ以上の器具がある場合**には，最下流の器具排水管のすぐ下流から**逃がし通気管**を取り出す。

解答(3)，(4)

図　ループ通気管と逃し通気管の取り方

242

ダクト及びダクト付属品の施工

重要問題104

　ダクト及びダクト付属品の施工に関する記述のうち，**適当でないものはどれ**か。**適当でないものは二つあるので，二つとも答えなさい。**

(1)　厨房排気ダクトの防火ダンパーでは,温度ヒューズの作動温度は72℃とする。

(2)　ダクトからの振動伝播を防ぐ必要がある場合は，ダクトの吊りは防振吊りとする。

(3)　長方形ダクトの断面のアスペクト比（長辺と短辺の比）は，原則として，4以下とする。

(4)　アングルフランジ工法ダクトのフランジは，ダクト本体を成型加工したものである。

解説

(1)　**温度ヒューズの作動温度**は，一般ダクトに設置する場合は72℃，排煙ダクトに設置する場合は280℃,そして**厨房ダクトに設置**する場合は <u>120℃</u> である。

(2)　振動・騒音を嫌う建物でダクトからの振動伝播を防ぐ必要がある場合は，ダクトの吊りは**防振吊り**とする。また立てダクトでは，防振支持を行う。

(3)　**長方形ダクトの断面形状**は，強度，圧力損失や加工面から**アスペクト比**（長辺と短辺の比）は，原則として，4以下とする。

(4)　**アングルフランジ工法ダクトの接合**は，**アングルを** <u>溶接加工</u> したフランジにより行う。また，**共板フランジ工法**は，**ダクト本体を成型加工**し，フランジにしたものである。

解答(1)，(4)

243

関連問題

ダクト及びダクト付属品の施工に関する記述のうち，適当でないものは
どれか。**適当でないものは二つある**ので，二つとも答えなさい。

(1) ダクト接合用のフランジの許容最大取付け間隔は，ダクトの寸法が小
さいほど小さくなる。

(2) シーリングディフューザーの外コーンには，落下防止用のワイヤー等
を取り付ける。

(3) 防火ダンパーは，火災による脱落がないように，原則として 4 本吊り
とする。

(4) 小口径のスパイラルダクトの接続には，一般的に，差込継手が使用さ
れる。

解説

(1) ダクト接合用のフランジの**許容最大取付け**間隔は，ダクトの長辺の寸
法が**大きい**ほど小さくなる。

(2) シーリングディフューザーの**中コーン**には，落下防止用の**ワイヤー等**
を取り付ける。

(3) 防火ダンパー防火壁の外につける場合には，**火災による脱落がない**よ
うに，小型のものは 2 本吊りでもよいが，**原則として 4 本吊り**とする。

(4) スパイラルダクトの継手は，フランジ継手と差込継手がある。フラン
ジ継手接合は，一般に**径600 mm 以上の大口径**のダクトに採用され，差
込フランジ接合は，**小口径のダクトの接続**に採用される。

解答(1)，(2)

※令和3年度から第二次検定（実地試験）において，主任技術者として工事の施工の管理を適確に行うために必要な知識を問う問題として以下の形式で出題されました。

○×問題

重要問題1

次の(1)～(5)の記述について，**適当な場合には〇**を，**適当でない場合には×**を記入しなさい。

(1)　アンカーボルトは，機器の据付け後，ボルト頂部のねじ山がナットから3山程度出る長さとする。

(2)　硬質ポリ塩化ビニル管の接着接合では，テーパ形状の受け口側のみに接着剤を塗布する。

(3)　鋼管のねじ加工の検査では，テーパねじリングゲージをパイプレンチで締め込み，ねじ径を確認する。

(4)　ダクト内を流れる風量が同一の場合，ダクトの断面寸法を小さくすると，必要となる送風動力は小さくなる。

(5)　遠心送風機の吐出し口の近くにダクトの曲がりを設ける場合，曲がり方向は送風機の回転方向と同じ方向とする。

解説

(1)　アンカーボルトは，機器の据付け後，ボルト頂部のねじ山が**ナットから3山程度出る長さ**に締め付ける。2重ナットにする必要がある場合もボルト頂部のねじ山がナットから3山程度出る長さとする。⇒本肢は適当です。

(2)　硬質ポリ塩化ビニル管の接着接合は，受け口をテーパにして，接着剤による塩化ビニルの膨潤と弾力性を利用したもので，受け口と差し口を一体化する工法である。接合の留意点は次のとおりである。

①　受け口内面と差し口外面を乾いたウエスなどで油分と水分を拭き取り，差し口外面の標準差込み長さの位置に標線をつける。

②　接着剤は少なめに使用し，テーパ形状の**受け口内面及び差し口外面**の標線位置まで**接着剤を均一に塗布**する。

③　接着剤塗布後は，素早く差し口を受け口に一気にひねらず標線位置まで差込み，そのまま押さえておく。この標準押さえ時間は，呼び径50以下は

30秒以上，呼び径65以上は60秒以上である。

⇒本肢は適当でありません。

(3) 鋼管のねじ加工の検査では，テーパねじリングゲージを**手締めではめ合わ
せたとき**，管端がゲージの合格範囲内にあることを確認する。合格範囲とは
管端がゲージの切欠きの範囲内にあれば合格である。⇒本肢は適当でありま
せん。

(4) ダクト内を流れる風量が同一の場合，ダクトの**断面寸法を小さくすると**，
ダクト内の風速が速くなり，そのため必要となる**送風動力は大きく**なる。⇒
本肢は適当でありません。

(5) 遠心送風機の吐出し口の近くにダクトの曲がりを設ける場合，曲がり方向
は送風機の**回転方向に逆らわないで**，**同じ方向**とする。送風機の吐出し口直
後での曲がりは，曲がり部までの距離を羽根径の1.5倍以上とし，急激な曲
がりは避ける。

⇒本肢は適当です。

解答 (1)○ (2)× (3)× (4)× (5)○

第11章
第二次検定
（実地試験）

湯沸室の機械換気方式，施工要領

重要問題 1 次の設問1〜設問3の答えを記述しなさい。

［設問1］ (1)に示す図について，湯沸室の機械換気方式の種別を記述しなさい。

［設問2］ (2)に示す図の機材について，その使用場所を記述しなさい。

　(1) 湯沸室の機械換気方式図　　(2) ステンレス製フレキシブルジョイント

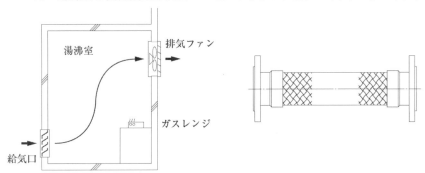

［設問3］ (3)〜(5)に示す各図について，**適切でない部分の理由又は改善策**を記述しなさい。

　(3) ポンプ吸込み管の施工要領　　(4) 汚水ますの施工要領

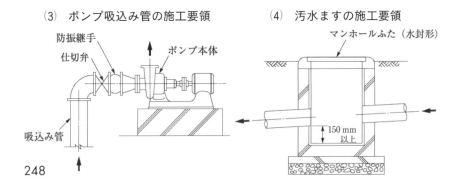

（5）　ループ通気管の施工要領

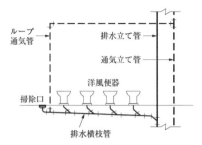

解説

［設問１］

（1）　給湯室の機械換気方式図

湯沸室の機械換気方式には次の**3種類**の**換気方式**がある。

① **第一種機械換気方式**

　給気側と排気側にそれぞれ専用の送風機を設けるので，確実な給・排気が期待でき，室内の気流分布や圧力の制御も行いやすいので，実験室や，多量の給排気を必要とする厨房，ボイラー室や発電機室などに用いられる。

② **第二種機械換気方式**

　給気側だけに送風機を設け室内を正圧に保ち，排気は排気口から自然に逃す方式である。室外から空気の侵入を防ぐため室内を正圧にする必要がある場合に用いられる。

┌───┐
│ **③ 第三種機械換気方式**
│

│
│ 排気側だけに送風機を設け室内を負圧にして，給気は給気口などより自
│ 然に供給する方式である。臭気や水蒸気を発生する便所や浴室・**湯沸室**な
│ どや**室内を負圧に保つ必要がある場合**に用いられる。
└───┘

［設問2］

▐ (2) ステンレス製フレキシブルジョイント ▐

　　フレキシブルジョイントは，継手の直角方向の変位量が大きくて，**配管の
軸に対して直角方向の変位量を吸収する**必要がある場合に用いられる。材質
は，ステンレス製や合成ゴム製のものがあり，次のような箇所で使用されて
いる。

┌───┐
│ ① 　建物のエキスパンションジョイントを**またいでいる配管**が，地震時にお
│ 　ける建物の揺れの相違による損傷を防止するため使用する。
│ ② 　屋外より**建物に導入される配管**が，地震や不同沈下による損傷を防止
│ 　するため使用する。
│ ③ 　ステンレス製や鋼製の**給水タンク廻りの配管**が，地震時の揺れによる
│ 　損傷を防止するため使用する。
│ ④ 　**消火ポンプ廻りの配管**は，消防法の規定でフレキシブルジョイントの
│ 　使用が義務付けられている。
│ ⑤ 　**オイルサービスタンク廻りの油管**が，地震時の揺れで損傷を防止する
│ 　ため使用する。
└───┘

［設問3］

▐ (3) ポンプ吸込み管の施工要領 ▐

　　ポンプの吸込み部に空気だまりが生ずると，水を吸引しにくくなりポンプ
効率が低下したり，ポンプ内に空気が侵入し高圧部で押しつぶされ，**騒音や
振動を生じ**たり，**羽根車などが侵食されポンプの寿命が低下**するなどの原因
となる。そのためポンプの吸込み部には空気だまりを生じないようポンプに
向かって**上りこう配**（1／50～1／100）とする。また，ポンプ径が配管口

径より小さい場合は，**偏心異径継手**を使用し施工する。

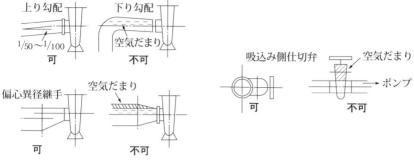

図　ポンプ廻り配管上の注意点

⑷　汚水ますの施工要領

　汚水ますは，流入してくる汚水と汚物をます内に滞留させることなく円滑に流出させるため**インバート**と呼ばれる**半円状の溝**を設ける。設問のように150mm以上のどろためを設けるものは雨水ますの場合である。

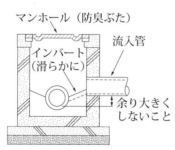

図　汚水ます

⑸　ループ通気管の施工要領

　ループ通気方式は，最上流の器具排水管が排水横枝管に接続される**直後の下流に通気管**を立上げ，通気立管または伸頂通気管に接続するか直接大気に開放する。

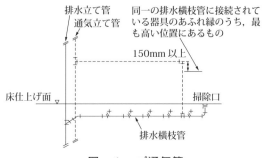

図　ループ通気管

| 解 答 例 |

［設問 1］

(1)	第三種機械換気方式

［設問 2］

(2)	・建物のエキスパンションジョイントをまたいでいる配管 ・屋外より建物に導入される配管 ・ステンレス製や鋼製の給水タンク廻りの配管 ・消火ポンプ廻りの配管 ・オイルサービスタンク廻りの油管　　以上のうち解答は1つでよい。

［設問 3］

(3)	適切でない部分の理由 　ポンプの吸込み配管のポンプ接続部が，同心の異径管継手となっているために空気だまりが生ずるおそれがある。 改善策 　空気だまりを生じないようポンプに向かって上りこう配とし，ポンプと配管の接続部には，偏心異径継手を使用し施工する。
(4)	適切でない部分の理由 　汚水ますの底部にどろためを設けているので，流入してくる汚水と汚物をます内に滞留させてしまう。 改善策 　汚水ますの底部には，インバートと呼ばれる半円状の溝を設ける。

<table>
<tr><td rowspan="3">(5)</td><td>適切でない部分の理由</td></tr>
<tr><td>　ループ通気管の排水横枝管の接続が，掃除口の下流になっていることが適切でない。</td></tr>
<tr><td>改善策
　ループ通気管の接続位置は，最上流の洋風便器の器具排水管が排水横枝管に接続された直後の下流に立上げる。</td></tr>
</table>

※注意：解答は「適切でない部分の理由」又は「改善策」のいずれかで良い。

継手の名称及び用途，施工要領

重要問題2　次の設問1〜設問3の答えを記述しなさい。

［設問1］　⑴に示す図について，継手の名称及び用途を記述しなさい。

［設問2］　⑵に示す図について，A図及びB図の継目の名称を選択欄から選択して記入しなさい。

(1)　鋼管のねじ接合部分

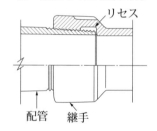

リセス

配管　継手

(2)　長方形ダクトの継目

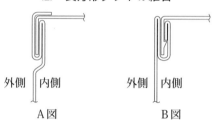

外側｜内側　　　外側｜内側

A図　　　　　B図

選択欄

角甲はぜ，ボタンパンチスナップはぜ，
ピッツバーグはぜ

［設問3］　⑶〜⑸に示す各図について，**適切でない部分の理由又は改善策**を具体的かつ簡潔に記述しなさい。

(3) 冷媒管吊り要領図　　(4) 器具排水管要領図

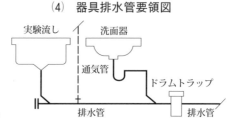

(5) 排水通気管末端の開口位置（外壁取付け）

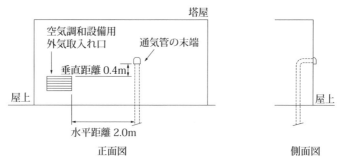

正面図　　　　　　　　　側面図

解説

［設問1］

(1) 鋼管のねじ接合部分

　排水は固形物を含んでいるので，排水配管では滞留させることなくスムーズに流出させるため配管内部に突起や段差を生じないようにする。そのため，継手には**リセス**と称するくぼみがつけられ鋼管を段差を生じることなく接続できる「**ねじ込み式排水管継手**」を用いる。

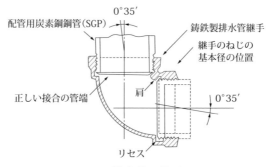

図　排水管用継手

[設問2]

（2）　長方形ダクトの継目

　　空調や換気設備で使用する矩形のダクトは，亜鉛鉄板を折り曲げて隅部の折り曲げ部を継目としてとして接続させる。接続は「**はぜ**」と称する**折返し部**を設けて，必要とされる気密性と強度を確保している。

　　設問のＡ図は「**ピッツバークはぜ**」で，シングル側の鉄板を叩き込んだのち，折返し部分を折る工程が必要であり複雑で，熟練を要する「はぜ」である。強度や気密性が高いので高圧ダクトや排煙ダクトに使用される。

　　また，設問のＢ図は「**ボタンパンチスナップはぜ**」で，最近のダクトに多く使用されている。ダブルになっている折返し部分にシングル側のスナップが引っかかる構造になっており，一度の叩き込みで「はぜ」が簡単にできる利点がある。

[設問3]

（3）　冷媒管吊り要領図

　　横走り管の支持と立管の振れ止めは，結露防止のための断熱材の上から支持をするが，ポリエチレンフォームは柔らかいので圧縮に対して減肉し，断熱効果が減少しその部分が結露するなどの現象を生じる。

　　そのため支持部は断熱粘着テープを重ね巻き（2層巻以上）して支持金具が断熱材に食い込むのを吸収する方法や，幅広の保護プレート（150㎜以上）を支持部下部に設けて断熱材のつぶれを防止するなどの処置をする。

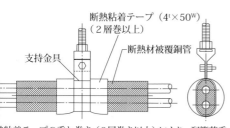

粘着テープの重ね巻き（2層巻き以上）により，配管荷重
重）による支持金具の断熱材への食い込みを吸収する方法

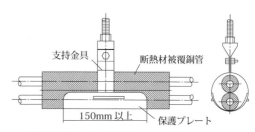

配管受け面積の広い保護プレートで支持することにより，
配管荷重（自重）による断熱材の潰れを防止する方法

図　冷媒横滑り配管の支持

第1節　設備全般

255

(4)　器具排水管要領図

排水管系の1個の器具に対して，2重にトラップを設けることを**二重トラップ**と言い，**流水機能を阻害する原因になるので禁止**されている施工法である。実験流しにはトラップがなくて一見よさそうであるが，洗面器はPトラップを介してドラムトラップに接続されていて，二重トラップとなっている。

改善策は，**ドラムトラップを実験流しの器具排水管接続点と通気管の接続点の間に設置**することで洗面器の二重トラップは解消できる。

また，複数器具がある排水管系の通気管は，最上流のトラップ下流直後より取り出す必要があるというループ通気方式の原則も満足する。

(5)　排水通気管末端の開口位置（外壁取付け）

排水通気管の末端は直接外気に開放しなければならないが，臭気や衛生上有害なガスが排気されることがあるので，次のことに気を付けなければならない。

> ①　建築物の屋上が庭園・運動場・物干し場などに利用される場合は，通気管の末端は屋上床仕上げ面より人間の高さ以上（約2m）とし，使用されない場合は，屋上の雨水等が流入しないような高さ以上（約200mm）は立ち上げる。
> ②　戸や窓など開口部の頂部より**600mm以上立ち上げる**。
> ③　各種開口部より600mm以上立ち上げられない場合には，それらの開口部より**水平に3m以上離す**。
> ④　通気管の末端は，建物の張り出しの下部には開放しない。

設問では通気管の末端が空気調和設備用の外気取入れ口より垂直距離0.4m，水平距離2.0mとなっていて，上記の規定を満たすような隔離距離が必要である。

［設問 1］

(1)	継手の名称	排水用ねじ込み式鋳鉄製排水管継手（又はドレネージ継手，ドレネジ継手）
	継手の用途	配管用炭素鋼鋼管を排水管として用いた場合の継手として使用する。

［設問 2］

(2)	A図	ピッツバークはぜ
	B図	ボタンパンチスナップはぜ

［設問 3］

(3)　冷媒吊り冷媒管要領図

適切でない部分の理由

　横走り管の支持は，結露防止のため断熱材の上から支持をするが，ポリエチレンフォームは柔らかいので圧縮に対して減肉し，断熱効果が減少する。

改善策

　支持部は断熱粘着テープを重ね巻き（2層巻以上）したり，幅広の保護プレート（150mm以上）を支持部下部に設けて断熱材のつぶれを防止する。

(4)　器具排水管要領図

適切でない部分の理由

　洗面器はPトラップを介してドラムトラップに接続されていて，二重トラップとなり禁止されている施工である。

改善策

　ドラムトラップを実験流しの器具排水管接続点と通気管の接続点の間に設置する。

(5)　排水通気管末端の開口位置（外壁取付け）

> **適切でない部分の理由**
>
> 　通気管の末端が空気調和設備用の外気取入れ口の頂部との垂直距離と水平距離が不足しており，臭気や衛生上有害なガスが外気取入れ口に侵入する恐れがある。

> **改善策**
>
> 　通気管の末端が空気調和設備用の外気取入れ口の頂部との垂直距離で600mm以上立ち上げるか，水平距離で3m以上の隔離距離を確保する。

※注意：解答は「適切でない部分の理由」又は「改善策」のいずれかで良い。

空調設備

パッケージ形空気調和機

重要問題3

パッケージ形空気調和機を据え付ける場合の施工上の留意事項を，4つ具体的にかつ簡潔に記述しなさい。

ただし，コンクリート基礎，機器搬入，冷媒配管の施工，工程管理及び安全管理に関する事項は除く。

解説

パッケージ形空気調和機を据え付ける場合の**施工上の留意事項**としては，次のような9事項がある。

① 室内機や室外機の振動が伝播しないように，防振ゴムや防振架台により**防振措置**を行う。

② 室内機や室外機が床置き形の場合は，地震による転倒を防止するために**転倒防止金具**などにより措置を行う。

③ 天井カセット形の場合は，地震の揺れによる脱落・天井破損防止のため，**形鋼やワイヤー**などにより振れ止めの措置を行う。

④ 床置き直吹きの室内機の場合は，吹出し・吸込み空気の気流中に**障害物**を置かない。

⑤ 屋外機は，ショートサーキットを起こして熱交換が阻害されないよう周囲に**十分な空間を確保**する。

⑥ 屋外機は，周辺に対する騒音に注意し，必要により**防音壁**などを設置する。

⑦ 中間階，屋上などに大型の機器を据え付ける場合は，**床の強度を確認**し，必要なら床などを補強する。

⑧ エアーフィルターの汚れや熱交換器の洗浄などの点検・保守のための機器周囲には**スペースを確保**する。

⑨ 多雪地帯は，積雪による屋外機の熱交換効率不良を防止するため，**設置場所を考慮**する。必要に応じて防雪フードなどを取り付ける。

解答例

［設問3］

上記のような項目から4つ列記する。（コンクリート基礎，機器搬入，冷媒配管の施工，工程管理及び安全管理に関する事項は除くとされているので配管や据付け後の機器養生，試運転調整に関する事項は，適切でない。）

空調用渦巻ポンプ

重要問題 4

空調用渦巻ポンプを据え付ける場合の留意事項を具体的にかつ簡潔に記述しなさい。**記述する留意事項**は，次の(1)〜(4)とし，工程管理及び安全管理に関する事項は除く。

(1) **配置に関する留意事項**

(2) **基礎に関する留意事項**

(3) **設置レベルの調整に関する留意事項**

(4) **アンカーボルトに関する留意事項**

解説

(1) 配置に関する留意事項

① 点検・分解修理のために据付け場所のスペースや搬入経路を確保する。

② **ポンプ側面**には，保守点検スペースとして**500㎜程度を確保**する。

③ **ポンプ前面**には，保守点検スペースとして**1000㎜程度を確保**する。

④ ポンプが複数台並ぶ場合は，基礎前面やポンプの吐出し口の芯をそろえて配置する。

⑵ 基礎に関する留意事項

① 基礎は，共通ベースサイズより100mm〜200mmほど大きくする。
② 基礎は，コンクリート造とし，表面に排水目皿を設け間接排水とする。
③ ポンプの据付けは，コンクリート打設後10日目以降とする。
④ 振動対策が必要な場合は，防振ゴム又は防振スプリングによる防振架台とする。
⑤ 防振架台とした場合は，ポンプの移動・転倒を防止するストッパーを設ける。

⑶ 設置レベルの調整に関する留意事項

① ポンプとモーターの軸の水平が確保されているかカップリング面で水準器を用いてチェックする。
② 共通ベースと基礎の間の隙間によってたわまないよう不陸調整はライナーを用いて行う。

⑷ アンカーボルトに関する留意事項

① 湿潤な場所や屋外に設置するアンカーボルトは，溶融亜鉛メッキ製またはステンレス製とする。
② アンカーボルトは，ベースプレートや基礎配筋に固定するなどして正確な位置に緊結する。
③ アンカーボルトは，振動などにより緩まないようダブルナットまたはスプリングワッシャで固定する。
④ アンカーボルトは，耐震計算を行いその径や長さを決定する。

解答例

　設問の各項目における一般的な留意事項として上記のようなことを記載すればよい。その一つをなるべく具体的な数値や名称などを用いて記述する。

給水管をねじ接合する場合の施工上の留意事項

重要問題5

　建物内の給水管（水道用硬質塩化ビニルライニング鋼管）をねじ接合で施工する場合の留意事項を具体的にかつ簡潔に記述しなさい。記述する**留意事項**は，次の(1)～(4)とし，工程管理及び安全管理に関する事項は除く。

(1)　管の切断に関する留意事項
(2)　面取り又はねじ加工に関する留意事項
(3)　管継手又はねじ接合材に関する留意事項
(4)　ねじ込みに関する留意事項

解説

(1)　管の切断に関する留意事項

① 管の切断には，帯のこ盤や丸のこ盤を使用する。
② 管の切断には，パイプカッターのような管径を絞るものは使用しない。
③ 管の切断には，高速砥石切断機のような高温になるものは使用しない。やむを得ず使用する場合は，十分な冷却を行う。
④ 管の切断は，管軸に対して直角になるように切断し，「ばり」や「かえり」を生じないようにする。

(2)　面取り又はねじ加工に関する留意事項

① 面取りは，塩ビ管用リーマやスクレーパによって行い，鉄部を露出させてはならない。
② 自動ねじ切り機附属の鋼管用のバーリングリーマは，塩化ビニルを必要以上に面取りするので使用しない。

③ 電動自動ねじ切り機は、**自動切り上げ装置がついているもの**を使用する。

④ ねじ加工後は、**目視で多角ねじ、山やせねじ、山欠けねじ**などねじ欠陥が生じていないか確認する。

⑤ **テーパーねじ用リングゲージ**で管端が、**ゲージの合格範囲内**にあるか検査する。

⑶ 管継手又はねじ接合材に関する留意事項

① 管継手は、水道用ねじ込み式の**管端防食管継手**を使用する。

② 接合材に使用する**防食用ペーストシール剤**は、水道用のシール材を使用し、適量塗布し硬化しないうちにねじ込む。

③ 管端コア内蔵型防食継手と管を接合する場合は、**管端面とおねじ部分に防食シール剤を塗布**する。

⑷ ねじ込みに関する留意事項

① **管端防食管継手に管をねじ込むには、手締めで十分ねじ込んでからパイプレンチ**などで締めこむ。

② ねじ込みは、管径に適合したパイプレンチなどで、**標準ねじ込み山数**を目安に締め付ける。

③ 管端防食管継手は、**過大なトルクで締めこむと防食部が破損**することがあるので注意する。

解答例

建物内の給水管として水道用硬質塩化ビニルライニング鋼管を用いてねじ接合で施工する場合、設問の各項目における一般的な留意事項として上記のような記載をすればよい。**その一つをなるべく具体的な名称などを用いて記述する。**

給水管を埋設する場合の施工上の留意事項

重要問題6

　敷地内に給水管を埋設する場合の施工上の留意事項を，4つ具体的かつ簡潔に記述しなさい。ただし，管材の選定，管の切断，工程管理及び安全管理に関する事項は除く。

解説

　敷地内に給水管を埋設する場合の**施工上の留意事項**として次のようなものがある。

① **埋設深さ**は，管の上端より**一般の敷地では30cm以上**とし**車両通路では60cm以上**とする。また寒冷地では凍結深度以上とする。

② 埋設のため**溝掘り**した底部は，**よく均した**うえで配管する。

③ **埋め戻しや盛土**をした場所に埋設する場合は，**底部をよく突き固めた**うえで**配管**する。

④ 施工中に外面被覆に**傷**をつけたり剥離させた場合は，**防食テープで補修**を行う。

⑤ **埋め戻し**は，管に損傷を与えないように**山砂で管の周囲を埋め戻した**後に，**良質土**で埋め戻す。

⑥ **給水管と排水管を平行**して建物の際を配管する場合は，**排水管を建物側**とし水平間隔を**50 cm 以上**確保する。

⑦ **給水管と排水管が交差**する場合は，**給水管が排水管の上方**となるように埋設する。

⑧ **水圧試験**は，**埋め戻し前**に行う。

⑨ 埋設した管路の曲がり部や分岐部には，**標示柱**などを設ける。

⑩ 埋設した管路上には，**土被り15 cm 程度**の深さに**埋設標示用テープ**を埋設する。

⑪ 土中から建物への引き込み部分には，地震対策や不等沈下対策として，**変位吸収継手**などを取り付ける。

解答例

　上記のような留意事項からなるべく類似のものは避けて，4項目を記載す

る。

　敷地内に給水管を埋設する場合とあるので，公道上の配水管からの分岐に関する事項や建物内の給水設備に関する事項などは不可である。

給排水衛生設備工事の工程図表

重要問題7

　ある建築物の給排水衛生設備工事の作業名，作業日数，工事比率は，以下のとおりである。次の設問1〜設問5の答えを記入しなさい。

［施工条件］

① 並行作業はしないものとする。

② 工事は最速で完了させるものとする。

③ 土曜・日曜日は現場の休日とする。

[給排水衛生設備工事の作業]

作業名	作業日数	工事比率
準備	2日	5 %
墨出し	3日	5 %
器具取付け	3日	15%
器具の調整	2日	5 %
試験（水圧・満水）	2日	10%
配管	5日	40%
保温	3日	20%

図−1　バーチャート工程表

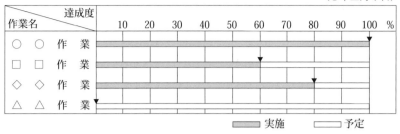

（○年□月◇日）

図－2

［設問1］　図－1の作業名欄に，給排水衛生設備工事の作業名を，作業順に並べ替えて記入しなさい。

［設問2］　バーチャート工程表を完成させなさい。

［設問3］　予定累積出来高曲線を記入し，各作業の完了日ごとに累積出来高の数字を記入しなさい。ただし，各作業の出来高は，作業日数内において均等とする。

［設問4］　全体工事を出来高累計曲線で管理する曲線式工程表では，許容される範囲において，最も早く施工が完了したときの限界を上方許容限界曲線，最も遅く施工が完了したときの限界を下方許容限界曲線というが，この両曲線を，上下の曲線に挟まれた部分の形状から何と呼ぶか記入しなさい。

［設問5］　図－2に示すような各作業の完了時点を100％として横軸にその達成度をとり，現在の進行状態を棒グラフで示す工程表の名称を記入しなさい。

解説

［設問1］

　給排水衛生設備工事の施工手順は，次の通りである。

　準備→墨出し→**配管**→**試験**（水圧・満水）→**保温**→器具取付け→器具の調整の順に，作業名と工事費率を記入する。

［設問 2］

　設問 1 の施工手順の通り，また 3 つの施工条件に従って作業日数を横線で表す，バーチャート工程表を作成する。

・準備と墨出しの作業日は，すでに解答欄に与えられているので**配管**から記入する。作業日数は，5 日を要するが，施工条件③により土・日は現場の休日なので，8 日（月）に開始し，12 日（金）に終了する。

・配管の次の作業は，**試験**であり作業日数は 2 日を要するが，土・日は現場の休日なので，15 日（月）に開始し，16 日（火）に終了する。

・試験の次の作業は，**保温**であり作業日数は 3 日を要するので17 日（水）に開始し，19 日（金）に終了する。

・保温の次の作業は，**器具の取付け**であり，3 日を要するが，土・日は現場の休日なので，22 日（月）に開始し，24 日（水）に終了する。

・最後の作業は**器具の調整**であり，2 日を要するので，25 日（木）に開始し，26 日（金）に完了する。

以上の各作業の作業日数を，準備・墨出しの作業にならい，**太い横線**で記入する。

［設問 3］

　予定累積出来高曲線とは，**各作業の出来高（工事比率（％）で表わされる。）**を工事開始の 0 ％から工事終了の100％まで累積していった点を結んだ曲線である。

・準備は最初の作業であり，1 日（月）に開始し 2 日（火）に終了し**出来高（工事比率（％））**は 5 ％，予定累積出来高は 5 ％である。

・墨出しは 3 日（水）に開始し 5 日（金）に終了し**出来高（工事比率（％））**5 ％，予定累積出来高は10％である。また 6 日・7 日は休日で**出来高（工事比率（％））**0 ％であり，予定累積出来高は10％のままである。

・**配管**は 8 日（月）に開始し12 日（金）に終了し**出来高（工事比率（％））**40％，予定累積出来高は50％である。また13 日・14 日は休日で出来高（工事比率（％））0 ％であり，予定累積出来高は50％のままである。

・**試験**は15 日（月）に開始し16 日（火）に終了し**出来高（工事比率（％））**10％，予定累積出来高は60％である。

・**保温**は17 日（水）に開始し19 日（金）に終了し**出来高（工事比率（％））**20％，予定累積出来高は80％である。また20 日・21 日は休日で**出来高（工事比率（％））**0 ％であり，予定累積出来高は80％のままである。

・**器具の取付け**は22 日（月）に開始し24 日（水）に終了し**出来高（工事比率（％））**15％，予定累積出来高は95％である。

・器具の調整は25日（木）に開始し26日（金）に終了し出来高（工事比率（％））5％，予定累積出来高は100％で全工事が完了する。

　以上の数値を各作業終了日と休日前後にプロットし，それの点を結んで予定累積出来高曲線は完成する。

［設問4］

　工事の進捗状況を出来高累計曲線で管理するのが曲線式工程表であり，最も早く施工が完了したときの限界を上方許容限界曲線，最も遅く施工が完了したときの限界を下方許容限界曲線といい，この2つの曲線を工程表に書き込み，実際の工程の進度がこの中に来るように工程を管理する。この上下の曲線で囲まれた形からバナナ曲線とも呼ばれるが，バナナの形状は工事の種類によって異なる。

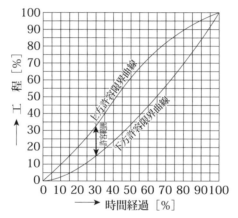

図　工程管理曲線（バナナ曲線）

［設問5］

　図-2の工程表は，ガントチャートと呼ばれる。ガントチャートは，各作業の完了時点を100％として横軸にその達成度を取り，現在の進行状態を棒グラフで示した図表である。各作業の現時点における進行状態がよくわかり作成も容易である利点があるが，次のような欠点がある。

①　各作業の前後関係が不明である。
②　工事全体の進行度合いが不明である。
③　各作業の日程と所要日数が不明である。
④　進行状態が他の作業に及ぼす影響を把握しにくい。
⑤　予定工程表として使用できない。
⑥　各作業の変更が他の作業に及ぼす影響が不明である。

解答例

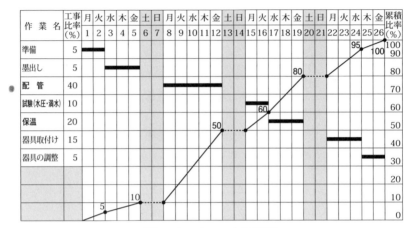

図　バーチャート工程表

[設問1]　解説の図の作業名を参照

[設問2]　解説の図の棒グラフを参照

[設問3]　解説の図の折れ線グラフを参照

[設問4]　バナナ曲線

[設問5]　ガントチャート

重要問題8

2階建て建物の新築において，1階と2階の設備工事の作業が下記の表及び施工条件のとおりのとき，次の設問1〜設問5の答えを記述しなさい。

作業名	1階部分 作業日数	1階部分 工事比率	2階部分 作業日数	2階部分 工事比率
準備・墨出し	1日	2％	1日	2％
配管	5日	20％	5日	20％
水圧試験	2日	6％	2日	6％
保温	2日	6％	2日	6％
器具取付け	2日	10％	2日	10％
試運転調整	2日	6％	2日	6％

［施工条件］
① 先行する作業と後続する作業は，並行作業はしないものとする。
② 工事は最早で完了させるものとし，同一作業は，1階の作業が完了後，すぐに2階の作業に着手する。
③ 器具取付けは，建築仕上げ工事の後続作業とする。
④ 建築仕上げ工事は，階ごとに3日を要するものとする。
⑤ 土曜日，日曜日は，現場での作業は行わないものとする。

［設問1］
バーチャート工程表の作業名欄に作業順に2階部分の作業名を，また，工事比率欄に当該作業の工事比率を記入し，バーチャート工程表を完成させなさい。ただし，建築仕上げは日数のみ確保し，作業名欄には記入しない。

［設問2］
工事全体の累積出来高曲線を記入しなさい。ただし，各作業の出来高は，作業日数内において均等とする。

［設問3］
各作業の完了日ごとに累積出来高の数字を累積出来高曲線の直近に記入しなさい。

［設問 4 ］

　 2 階部分のタクト工程表を完成させなさい。

［設問 5 ］

　タクト工程表は，どのような作業に適しているか簡潔に記述しなさい。

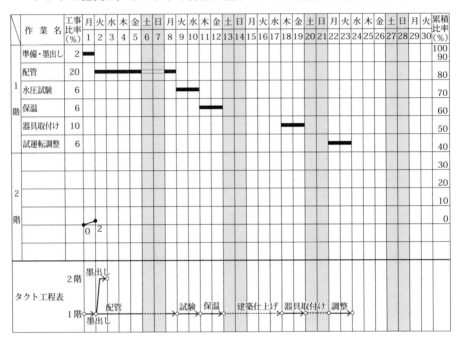

解説

［設問 1 ］

　 2 階部分の作業順序としては， 1 階と同様に準備・墨出し→配管→水圧試験→保温→器具取付け→試運転調整の順となる。工程表の 2 階の作業名欄に順で記載し，各作業比率もその右の工事比率欄に記載する。

　与えられた施工条件①～⑤を満足するように，次の手順で 2 階部分のバーチャート工程表を作成する。

・**準備・墨出し**が最初の作業であるが，条件①，②を満たすには 2 日（火）に**開始**し，作業日数は 1 日なので 2 日（火）に**完了**する。

・次に**配管**の作業であるが，施工条件②を満たすには， 1 階の配管作業が完了する 9 日（火）から**開始**し，作業日数は 5 日であり，かつ施工条件⑤を満たすには，13日（土），14日（日）は作業を行わないので15日（月）に**完了**する。

- **水圧試験**は，16日（火）より開始し，作業日数は2日であり，17日（水）に完了する。
- **保温**は18日（木）より開始し，作業日数は2日であり，19日（金）に完了する。
- **器具取付け**は，施工条件③を満たすためには，建築仕上げ工事の完了後に開始するが，**建築仕上げ工事**も施工条件⑤に当てはまるため，20日（土）21日（日）は休日であり22日（月）から始めて作業日数は3日なので**24日（水）に完了する。**そのため器具取付けは**25日（木）**から始めて，作業日数は2日なので26日（金）に完了する。
- 最後に**試運転調整**は，27日（土）28日（日）は休日であり29日（月）から始め作業日数2日なので30日（火）に完了し，これですべての作業が完了する。

以上の各作業の工程を**各開始日と終了日を棒線**で引いてバーチャート工程表を完成させる。

［設問2］

　累積出来高曲線とは，各作業の出来高を工事開始時の0％から工事終了時の100％まで累積していった点を結んで得られる曲線であるが，ただし書きにあるように各作業の出来高は，作業日数内において均等にする条件で累積出来高を求めていく。また土・日の休日は出来高が上がらないので金曜日ごとの出来高を求めておく必要がある。

- 1日（月）は1階の準備・墨出しが終了し，その出来高をあらわす工事比率は2％であり，**累積出来高は2％**となる。
- 2日（火）は，2階の準備・墨出しが終了し，その出来高をあらわす工事比率2％に1階の配管工事比率20％の1／5にあたる出来高4％を加えて，2日（火）の出来高は6％であり，**累積出来高は8％**となる。
- 5日（金）は，1階の配管工事の途中であり，工事比率20％の3／5にあたる出来高12％を加えて，**累積出来高は20％**となる。
- 8日（月）は，1階の配管工事比率20％の1／5にあたる出来高4％を加えて，**累積出来高は24％**となる。
- 10日（水）は，1階の水圧試験が終了し，その工事比率6％に2階の配管工事比率20％の2／5にあたる出来高8％を加えて，10日（水）の出来高は14％であり，**累積出来高は38％**となる。
- 12日（金）は，1階の保温工事比率6％に2階の配管工事比率20％の2／5にあたる出来高8％を加えて，12日の出来高は14％であり，**累積出来高は52％**となる。

- 15日（月）は，2階の配管工事比率20％の1／5にあたる出来高4％を加えて，累積出来高は56％となる。
- 17日（水）は，2階の水圧試験が終了し，その工事比率6％を加えて，累積出来高は62％となる。
- 19日（金）は，1階の器具取付け工事比率10％に2階の保温工事比率6％を加えて，19日（金）の出来高は16％であり，累積出来高は78％となる。
- 23日（火）は，1階の試運転調整工事比率6％を加えて，累積出来高は84％となる。
- 26日（金）は，2階の器具取付け工事比率10％を加えて，累積出来高は94％となる。
- 30日（火）は，2回試運転調整工事比率6％を加えて，累積出来高は100％ですべての工事が完了する。

　以上求めた累積出来高をプロットして1日から直線で結ぶ。土・日については前日の金曜日の出来高をそのまま水平な破線で記入する。また24日（水）は，2階の建築仕上げ工事はあり，空気調和設備工事は作業を行えず23日（火）の出来高84％は変わらないので水平な破線で記入する。

［設問3］

　各作業の完了日ごとに累積出来高の数字を累積出来高曲線の直近に記入することが求められているので，［設問2］で求めた各作業完了日の数値を記入していく。ただし5日（金）はこの日に完了している作業はないので，この日の累積出来高は記入しない。

［設問4］

　2階のタクト工程表は，［設問1］で求めた2階のバーチャート工程表をもとに1階のタクト工程表に準じて作成する。
- 2日（火）に終了する準備・墨出しは1階の準備・墨出しの終了から実線の矢印で結ぶ。3日（水）から8日（月）の間は2階での作業はないので破線で結ぶ。
- 配管は9日（火）より始まり15日（月）に終了するのでこの間を実線の矢印で結ぶ。ただし6日（土）・7日（日）の休日は破線とする。
- 水圧試験は16日（火）より始まり17日（水）に終了するのでこの間を実線の矢印で結ぶ。
- 保温は18日（木）より始まり19日（金）に終了するのでこの間を実線の矢印

で結ぶ。

・20日（土）・21日（日）の休日は破線とする。

・22日（月）より24日（水）は建築仕上げ工事なので，1階に準じて破線の矢印で結ぶ。

・器具取付けは25日（木）より始まり26日（金）に終了するのでこの間を実線の矢印で結ぶ。

・27日（土）・28日（日）の休日は破線とする。

・試運転調整は29日（月）より始まり30日（火）に終了するのでこの間を実線の矢印で結ぶ。

そして1階に準じて矢印の上に各作業名を記入し，完成である。

［設問5］

タクト工程表は，高層建物で基準階が何階もある場合や，大規模なフロアーで複数の同一工区により施工する場合（各工区が同じ工法・作業量であることが前提）において，各作業者は手待ちを生じることなく同じ作業を一定のサイクルで繰り返していくことができる。

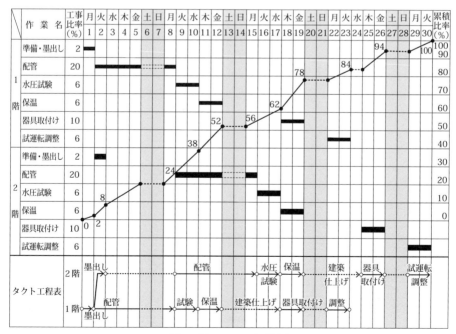

図　設問1〜4解答例

解答例

[設問1] 解説の図の作業名，工事比率欄を参照

[設問2] 解説の図の折れ線グラフを参照

[設問3] 解説の図の折れ線グラフを参照

[設問4] 解説の図のタクト工程表を参照

[設問5] 高層建物などで同一の作業を複数階で繰返し施工する場合，各作業者は手待ちを生じることなく施工できる。

労働安全衛生法上に定められている語句又は数値1

重要問題9 次の設問1及び設問2の答えを解答欄に記述しなさい。

［設問1］ 建設工事現場における，労働安全衛生に関す文中，□□□内に当てはまる「労働安全衛生法」上に**定められている語句又は数値**を選択欄から選択して記入しなさい。

⑴ 事業者は，手掘りによる　A　からなる地山の掘削の作業を行うときは，掘削面の勾配を35度以下とし，又は掘削面の高さを5m未満としなければならない。

⑵ 事業者は，足場（一足足場及びつり足場を除く）における高さ　B　m以上の作業場所に設ける作業床は，幅40cm以上とし，床材間のすき間は3cm以下としなければならない。

⑶ 事業者は，移動はしごを使用するときは，　C　の取付けその他転位を防止するために必要な措置を講じなければならない。

⑷ 事業者は，屋内に設ける通路の通路面から高さ　D　m以内に障害物を置いてはならない。

選択欄

> 岩盤，堅い粘土，砂，　1，1.5，1.8，2，
> 手すり，すべり止め装置

［設問2］ 建設工事現場における，安全衛生に関する文中，□□□内に当てはまる**語句**を記述しなさい。

⑸ 事業者は，高温多湿作業場所で作業を行うときは，労働者に透湿性・通気性の良い服装を着用させたり，塩分や水分を定期的に摂取させたりして，　E　症予防に努めなければならない。

第11章 第二次試験問題

解説

［設問1］

(1) 「手掘りによる**砂からなる地山の掘削の作業**を行うときは，掘削面の勾配を35度以下とし，又は掘削面の高さを**5m未満**としなければならない。」と規定されている。（安衛則第357条第1項第一号）

(2) 「**足場**（一側足場及びつり足場を除く。）における**高さ2m以上**の作業場所における作業床は，幅40cm以上とし，床材間のすき間は3cm以下としなければならない。」と規定されている。（安衛則第563条第1項及び第二号）

(3) 「**移動はしご**を使用するときは，**すべり止め装置**の取付けその他転位を防止するために必要な措置を講じなければならない。」（安衛則第527条第四号）

(4) 屋内に設ける**通路の通路面から高さ1.8m以内**に障害物を置いてはならない。」と規定されている。（安衛則第542条第三号）

［設問2］

高温多湿作業場所で作業を行うときは，労働者に透湿性・通気性の良い服装を着用させたり，塩分や水分を定期的に摂取させたりして，**熱中症予防**に努めなければならない。（平成21年厚生労働省労働基準局長より「職場における熱中症予防について」通達）

熱中症による死者数の業種別の状況を見ると，建設業が最も多く，建設現場における熱中症対策は重要な安全衛生管理項目である。

予防対策として，WBGT値の低減，休憩場所の整備を行い，作業管理として，服装等では，熱を吸収または保熱しやすい服装は避け，透湿性および通気性の良い服装を着用させることなどが必要である。

解答例

［設問1］

(1)	A：砂	
(2)	B：2	
(3)	C：すべり止め装置	
(4)	D：1.8	

［設問２］

(5)	熱中

労働安全衛生法上に定められている語句又は数値２

重要問題⑩

次の設問１及び設問２の答えを解答欄に記述しなさい。

［設問１］　建設工事現場における，労働安全衛生に関する文中，￼内に当てはまる「労働安全衛生法」上に**定められている語句又は数値**を選択欄から選びなさい。

(1)　事業者は，作業所内で使用する脚立については，脚と水平面との角度を　A　度以下とし，折りたたみ式のものにあっては，脚と水平面の角度を確実に保つための金具等を備えなければならない。

(2)　事業者は，常時労働者の数が10人以上50人未満の事業所には　B　を選任し，安全管理者と衛生管理者の行う業務を担当させなければならない。

(3)　掘削面の高さが２ｍ以上となる地山の掘削（ずい道及びたて坑以外の坑の掘削を除く。）の作業を行う場合は　C　を選任しなければならない。

(4)　事業者は，移動式クレーンを用いて作業を行うときは，移動式クレーンの運転者及び玉掛けをする者が当該移動式クレーンの　D　を常時知ることができるよう，表示その他の措置を講じなければならない。

選択欄

> 安全衛生推進者，主任技術者，75，80，定格荷重
> 作業主任者，専門技術者，統括安全衛生管理者，傾斜角

［設問２］　建設工事現場における，労働安全衛生に関する文中，￼内に当てはまる「労働安全衛生法」上に**定められている数値**を記入しなさい。

(5)　事業者は，架設通路については，こう配を　E　度以下としなければならない。

ただし，階段を設けたもの又は高さが２ｍ未満で丈夫な手掛を設けたものはこの限りでない。

第５節

法規

解説

［設問１］

(1) 「事業者は，**作業所内で使用する脚立**については，脚と水平面との角度を**75度以下**とし，折りたたみ式のものにあっては，脚と水平面との角度を確実に保つための金具等を備えなければならない。」と規定されている。（安衛則第528条）

(2) 「事業者は，常時労働者の数が**10人以上50人未満の事業所**には**安全衛生推進者**を選任し，安全管理者と衛生管理者の行う業務を担当させなければならない。」と規定されている。（安衛法第12条の２，安衛則第12条の２）

(3) 「掘削面の高さが**2m以上**となる地山の掘削（ずい道及びたて坑以外の坑の掘削を除く。）の作業を行う場合は**作業主任者を選任**しなければならない。（安衛法第14条，安衛令第6条第9号）

(4) 「事業者は，**移動式クレーンを用いて作業**を行うときは，移動式クレーンの運転及び玉掛けをする者が当該移動式クレーンの**定格荷重**を常時知ることができるよう，表示その他の措置を講じなければならない。」と規定されている。（クレーン則第70条の２）

［設問２］

「事業者は，**架設通路**については，こう配を**30度以下**としなければならない。ただし，階段を設けたもの又は高さが2m未満で丈夫な手掛を設けたものはこの限りでない。」と規定されている。（安衛則第552条）

解答例

［設問１］

(1)	A：75
(2)	B：安全衛生責任者
(3)	C：作業主任者
(4)	D：定格荷重

［設問２］

(5)	30

> 重要問題 あなたが経験した**管工事**のうちから，**代表的な工事を1つ選**び，次の設問1～設問3の答えを解答欄に記述しなさい。

〔設問1〕 その工事につき，次の事項について記述しなさい。

(1) 工事名〔例：◎◎ビル（◇◇邸）□□設備工事〕

(2) 工事場所〔例：◎◎県◇◇市〕

(3) 設備工事概要〔例：工事種目，機器の能力・台数等，建物の階数・延べ面積等〕

(4) 現場でのあなたの立場又は役割

〔設問2〕 上記工事を施工するにあたり「**品質管理**」上，あなたが**特に重要と考えた事項**をあげ，それについて**とった措置又は対策**を簡潔に記述しなさい。

(1) 特に重要と考えた事項

(2) とった措置又は対策

〔設問3〕 上記工事を施工するにあたり「**安全管理**」上，あなたが**特に重要と考えた事項**をあげ，それについて**とった措置又は対策**を簡潔に記述しなさい。

(1) 特に重要と考えた事項

(2) とった措置又は対策

【解答欄】

〔設問1〕	(1)	工事名	
	(2)	工事場所	
	(3)	設備工事概要	
	(4)	あなたの立場又は役割	

〔設問2〕品質管理	(1) 特に重要と考えた事項
	(2) とった措置又は対策

〔設問3〕安全管理	(1) 特に重要と考えた事項
	(2) とった措置又は対策

解説と参考例

(1) 工事名〔例：◎◎ビル（◇◇邸）□□設備工事〕

　　◎◎ビルや◇◇邸のような建築物の名称を記述し，また管工事の種別に該当する工事名まで記述すること。

　　参考例

　　1　◎◎ビル空調設備工事

　　2　◇◇邸衛生設備工事

　　3　◎◎中学校給排水衛生設備工事

　　4　◎◎ビル新築工事

(2) 工事場所〔例：◎◎県◇◇市〕

　　都道府県名及び市区町村名までは，しっかり記述すること。

　　参考例

　　1　東京都世田谷区

　　2　大阪府大阪市

　　3　兵庫県佐用郡佐用町

　　4　和歌山県東牟婁郡北山村

(3) 設備工事概要〔例：工事種目，機器の能力・台数等，建物の階数・延べ面積等〕

　　採点者が，あなたの選んだ「工事名」と〔設問2〕及び〔設問3〕の内容との整合性や妥当性を確認できる必要な事項を記述すること。

　　　　1　一般的な新築工事等における管工事では，設備工事種目（冷暖房，空調，換気，給排水，給湯，衛生，浄化槽設備等）と建物概要（延面積〔㎡〕・構造〔RC造，鉄骨造，木造等〕・階数〔◎階建て，平屋建て等〕

　　　　2　「工事名」から管工事の内容と規模が推定できない配水支管工事・下水道配管工事・設備機器の更新工事・特定の工種（配管・ダクト等）について記述する場合は，**設備工事種目**に代えて主要機器の容量（能力）・台数や主要配管（管径×延長さ）・ダクト（板厚×延面積）等と**建物概要**を記述すること。

283

⑷　現場でのあなたの立場又は役割

　　　請負業者の場合は，

　　　　　現場代理人，主任技術者，工事主任，施工監督　などを言う。

　　　発注者側の場合は，

　　　　　現場監督員，主任監督員，工事監理者　などを言う。

＊会社における役職名（社長，部長，課長など）ではないことに注意すること。

〔設問2〕及び〔設問3〕について

〔設問1〕で選んだ工事を施工するにあたり「〇〇管理」上，あなたが**特に重要と考えた事項**をあげ，それについてとった**措置又は対策**を簡潔に記述することが求められている。

〔設問2〕及び〔設問3〕において，これまで「管理項目」として主に工程管理・品質管理・安全管理のうちから各々1つが指定されて出題されている。

1．出題傾向

　　　令和2年度までの過去15年間に指定された管理項目の回数は，**品質管理11回，安全管理10回，工程管理9回**であり，ほぼ均等に指定されている。

　　　例年，記述内容は，**特に重要と考えた事項**をあげ，それについてとった**措置又は対策**を簡潔に記述することが求められている。

2．管理項目の概要

　　工程管理：施工計画に基づいて，工事の着工から完成に至るまでの工程を決定し，この決定された工事の過程を常に管理するものである。そのため工程表を作成し，工期内完成のための努力や工程順序の工夫等など建築工事及び他の設備工事との調整のとれた工程表と工程速度が求められる。

　　品質管理：管工事の現場においては，管の切断，ねじ込み，溶接などが行われているが，管の種類，管径，切断寸法，出来上がりの形状などは，その都度異なるほか，取り付けるものの位置，数量，大きさについては，各種法令による基準が設けられている。

安全管理：工事現場で行う安全管理は着工から完成までに至るまでの工程
　　　　　に応じて重点を定め，災害防止対策を着実に行うことである。
　　　　　また，労働者の生命，健康を守ることならびに第三者災害の防
　　　　　止に留意する。

３．記述内容
　・特に重要と考えた事項：
　　　　指定された管理項目に関して，**自分が経験した**空調工事，衛生工事，給
　　　排水・給湯設備工事，ガス管工事，浄化槽工事，設備機器据付工事など管
　　　工事の種別の中から，重要事項（問題点）を**１つだけ取り上げて具体的に**
　　　記述（２行以内）すること。

　　┌─────────┐
　　│記述パターン│
　　　○○（施工条件）の理由により，◇◇（問題点）を重要と考えた。

　・措置又は対策：
　　　　特に重要と考えた事項に取り上げた内容について，**自分がとった措置又**
　　　は対策を３項目程度箇条書き（３行以内）にまとめること。

　　┌─────────┐
　　│記入パターン│
　　　１．○○○　　２．◎◎◎　　３．◇◇◇をした結果，□□□の工事が，
　　　無事完了できた。

４．その他の注意事項
　・工事規模の大小や工法の特殊性は問わない。
　・工事名，設備工事概要，重要事項，措置又は対策の整合性に注意するこ
　　と。
　・工事現場における施工における技術管理上のことを記述すること。
　・工事の状況が判るような具体的な数値等を用いること。

【施工経験記述の解答例】

〔設問1〕	(1)	工事名	○○ビル新築工事に伴う給排水設備工事
	(2)	工事場所	○○県○○市
	(3)	設備工事概要	延2350㎡ 5階建RC造　給排水設備　給水ポンプユニット2台　受水槽12 m³　洋風便器20個　小便器15個　洗面器・手洗器20個
	(4)	あなたの立場又は役割	工事主任
〔設問2〕品質管理		(1)　特に重要と考えた事項	
		便器，洗面器・手洗器の取付け及び配管施工精度の確保が重要と考えた。	
		(2)　とった措置又は対策	
		建築設計図と器具施工図を十分に検討し，器具取付け位置や配管位置の芯出しを入念に行い，器具の収まりや取付け位置が，美観及び周囲と調和して壁面，床面に収まるように施工した。	
〔設問3〕安全管理		(1)　特に重要と考えた事項	
		空調工事や電気工事と並行しての作業となるため，飛来・落下などの労働災害防止が重要と考え，次の対策を取った。	
		(2)　とった措置又は対策	
		安全朝礼，安全ミーティングにより，その日の作業手順や危険箇所の明示を行うとともに，上下同時作業の禁止など作業環境の整備を図り，作業員自らの問題として実効ある行動を促した。	

設問 2 ～ 3 において，工程管理と施工計画が出題された場合の解答例も以下に記します。

【解答例】

〔設問 1〕	(1)	工事名	○○ビル新築工事に伴う給排水設備工事
	(2)	工事場所	○○府○○市
	(3)	設備工事概要	延2350㎡ 5 階建 RC 造　給排水設備　給水ポンプユニット 2 台　受水槽18 m³　洋風便器20個　小便器15個　洗面器・手洗器20個
	(4)	あなたの立場又は役割	工事主任
〔設問 2〕工程管理			(1)　特に重要と考えた事項
			給排水設備工事の遅延が電気工事に影響を与えるため，工程の合理化対策が重要と考え，次の対策を講じた。
			(2)　とった措置又は対策
			衛生器具メーカーとの打ち合わせを綿密に行い，搬入品目などの資材管理を徹底し，手待ち・手戻り等のロスを防ぐとともに，詳細工程表により進捗状況を把握した。
〔設問 3〕施工計画			(1)　特に重要と考えた事項
			資材労務計画における，機器材料の発注・搬入計画が重要と考え，次の措置をとった。
			(2)　とった措置又は対策
			メーカーリストから数社の見積りを取り，実行予算と照合し，主要機材発注先一覧表を作成するとともに，納期・仕様の確認を綿密に行った。

著者略歴

三枝　省三（みえだしょうぞう）

1972年　名城大学第一理工学部建設工学科卒業

　　　　浅野工事株式会社技術職員，修成建設専門学校教員を経て

2015年　学校法人修成学園修成建設専門学校学校長・理事長を退職

【主な著書】

　これだけはマスター2級管工事施工管理技士試験（弘文社・共著）

　1級土木施工管理技士分野別問題解説集（修成学園出版局・共著）

　1級土木施工管理技士実地試験問題解説集（修成学園出版局・共著）

　2級土木施工管理技士分野別問題解説集（修成学園出版局・共著）

　兵庫県南部地震から学ぶ地震の基礎知識（修成学園出版局・共著）

4週間でマスター！2級管工事施工管理技術検定問題集

編　　著	三枝　省三
印刷・製本	亜細亜印刷株式会社

発 行 所　株式会社 **弘文社**

代 表 者　　岡崎　靖

☎546-0012 大阪市東住吉区
中野2丁目1番27号
☎　　(06)6797−7441
FAX　(06)6702−4732
振替口座 00940−2−43630
東住吉郵便局私書箱1号